人因约束下基于移动机器人的
协作订单拣选过程优化

牛亚旭 著

中国原子能出版社

图书在版编目（CIP）数据

人因约束下基于移动机器人的协作订单拣选过程优化 /
牛亚旭著. --北京：中国原子能出版社，2024.1
ISBN 978-7-5221-3317-1

Ⅰ. ①人… Ⅱ. ①牛… Ⅲ. ①移动式机器人–物资配
送–研究 Ⅳ. ①TP242

中国国家版本馆 CIP 数据核字（2023）第 254936 号

人因约束下基于移动机器人的协作订单拣选过程优化

出版发行 中国原子能出版社（北京市海淀区阜成路 43 号 100048）
责任编辑 付 凯
责任印制 赵 明
印　　刷 北京金港印刷有限公司
经　　销 全国新华书店
开　　本 787 mm×1092 mm 1/16
印　　张 9.5
字　　数 168 千字
版　　次 2024 年 1 月第 1 版 2024 年 1 月第 1 次印刷
书　　号 ISBN 978-7-5221-3317-1 定 价 76.00 元

网址：http://www.aep.com.cn　　　　E-mail：atomep123@126.com
发行电话：010-68452845　　　　　　版权所有 侵权必究

作者简介

牛亚旭，男，汉族，1990 年 10 月出生，山西省太原市人。2021 年博士毕业于北京化工大学信息科学与技术学院控制科学与工程专业，在攻读博士学位期间，作为联合培养博士赴荷兰代尔夫特理工大学访学 18 个月。现为中北大学机械工程学院讲师，目前主要从事复杂系统不确定性下的智能决策与控制研究工作。参与国家自然科学基金面上项目 2 项、青年科学基金项目 1 项，主持省级科研项目 2 项，在国内外知名期刊及会议上共发表学术论文 9 篇。

前　言

随着仓储自动化水平的不断提升，多机器人系统因其空间占用小，需求响应灵活且能够全天候工作，越来越多地被应用在仓储环境中。其中，移动机器人订单履行系统（Robotic mobile fulfillment system，RMFS）作为一种特别适用于 B2C 电子商务订单履行的自动化存取系统，被广泛应用在如Amazon、Walgreens、Zappos、Staples、京东、天猫、苏宁等国内外著名电商企业仓储系统中。RMFS 的广泛应用，极大地提高了移动机器人在仓储环境中的普及程度，提升了仓储系统的订单拣选效率，但同时也为配合机器人高效作业的挑拣员带来了极大的生理疲劳与压力。

目前，RMFS 的相关研究主要集中在系统结构设计及运行策略优化等方面，鲜有将人为因素考虑在内的研究。在自动化技术大量取代机械性劳动的物流仓储中，对极度依赖挑拣员认知、推断、决策、操作能力的订单拣选过程提出了更高的要求，人因成为制约订单拣选系统效率的关键因素。RMFS人机协作订单拣选过程中的机器人指派决策及机器人货架搬运作为订单拣选最主要的两个组成部分，是工作站挑拣员货物拣选作业顺利进行的前提及保障，共同决定着 RMFS 订单拣选效率。因此，本书针对人因约束下基于移动机器人的协作订单拣选过程优化展开研究，具体为：

首先，针对 RMFS 订单拣选过程中的挑拣员主观不适水平，基于 BorgCR-10 评估量表、货物位置及货物特征等因素，建立了挑拣员不适程度量化模型。为解决不同拣选任务及挑拣员不适水平分布下的机器人指派决策问题，采用分散式多智能体强化学习算法，以均衡系统效率和挑拣员不适水平为目标，训练获得移动机器人自主指派策略。通过仿真试验证明所学机器人指派策略对实现挑拣员间工作量合理分配的有效性。

其次，采用客观反映挑拣员压力状态的瞳孔直径信号，运用可穿戴生理信号传感器实现对挑拣员生理状态的实时、无感的准确检测。考虑到系统运行状态以及挑拣员压力水平的动态复杂性，基于价值分解网络（Value-Decomposition Network，VDN）多智能体强化学习算法，利用挑拣员压力度量和时间成本构建奖励函数，获得面向挑拣员压力水平的分散式移动机器人自主指派策略。通过仿真试验证明所提方法在保证订单拣选效率的同时，可以有效减少挑拣员压力持续时间。

然后，针对大订单集合，长时间货物挑拣情况，提出了面向挑拣员疲劳－压力水平管理的机器人指派策略研究框架。在采用瞳孔直径信号实现压力检测的基础上，引入挑拣员心率信号检测，实现对挑拣员疲劳－压力状态的共同检测。基于检测到的挑拣员生理状态，利用 QMIX 算法获得基于机器人自主决策下的实时指派策略，通过机器人指派与中止指派决策，获得合理的挑拣员工间休息方案。仿真试验证明了所学的机器人指派策略在挑拣员疲劳－压力水平管理方面的有效性。最后，针对人机协作订单拣选过程中的机器人货架搬运轨迹跟踪控制过程展开研究。考虑到移动机器人在货架搬运中遇到的模型参数摄动、速度耦合、负载变化以及其他外界干扰，引入了干扰观测器结构，基于所提的简化广义 Kharitonov 定理，提出了一种干扰观测器和速度控制器参数可行域确定的图像分析方法。仿真试验验证了所提方法在面对被控对象参数有较大摄动和外界扰动时，可以保证轨迹跟踪的有效性。

综上，本书从移动机器人指派策略及机器人轨迹跟踪控制两方面，对人因约束下基于移动机器人的协作订单拣选过程优化进行了研究，实现在最大限度适应挑拣员生理状态的同时保证移动机器人订单履行系统运行效率。为电子商务仓储环境下人机协作订单拣选过程优化研究提供了科学有效的研究思路及研究方法,为通过提升移动机器人订单履行系统运行效率提高电商企业核心竞争力提供了科学的理论依据。

　　作者在本书的写作过程中,参考引用了许多国内外学者的相关研究成果,也得到了许多专家和同行的帮助和支持,在此表示诚挚的感谢。由于作者的专业领域和实验环境所限,加之作者的研究水平有限,本书难以做到全面系统,疏漏和错误实所难免,敬请读者批评赐教。

目　录

第1章 绪 论

1.1 研究背景及意义

1.1.1 研究背景

电子商务的快速发展推动了交易模式和消费方式的不断升级,促进了包括以交易服务为核心的仓储物流配送、电子交易安全支付等相关配套电子商务服务业的快速发展,为国家经济增长提供了重要动力。根据中华人民共和国商务部发布的《中国电子商务报告 2020》,2020 年我国电子商务交易额达 37.21 万亿元,同比增长 4.5%,并连续八年成为世界最大规模网络零售市场。与此同时,不断完善的物流配送网络成为电子商务迅猛发展的重要保障。根据中国物流信息中心统计数据显示,自"十三五"规划以来,我国社会物流总额连续 4 年保持在每年 5.9%~6.7%的增速,截至 2019 年,我国社会物流总额突破 298.0 万亿元。2020 年,我国物流发展表现出较强韧性,社会物流总额保持平稳增长,达到了 300.1 万亿元。我国全面的物流配送网络为保障民生,维护经济稳定提供了有力保障。

然而,物流行业的平铺蔓延式发展使企业逐渐面临着运行成本上升,行业竞争激烈,人口红利缩减等挑战,加之电商企业越来越关注顾客的消费体验,特别是对于直接面向消费者的电子商务企业(Business-to-consumer,B2C),次日达,甚至当日达的交付承诺极大地增加了对物流反应速度的要求。可以说，在产业结构优化调整，物流企业降本增效，居民消费结构升级的背景下，物流配送在产业爆发式增长的机遇背后，是对平衡物流资源、配送需求和配送成本的极大挑战。

在物流产业链中，仓储作为供应链系统的核心环节，起到缓冲生产流程变化，整合产品和增加边际价值的作用，其运行效率和运营成本直接影响整个物流系统的绩效[1]。因此，推进仓储系统的转型升级，是实现物流业可持续发展的关键之处。根据我国仓储配送协会统计，至 2015 年，我国仓储行业的固定投资额已达 6 619.97 亿元，拥有营业性通用（常温）仓储占地 9.55 亿平方米。同时，在"一带一路倡议""中国制造 2025""智慧物流"等政策支持下，我国物流仓储业展现出巨大的发展前景及市场需求。然而，目前我国仓储类型仍然以传统仓储为主体，企业规模普遍较小，地面面积利用率低，挑拣效率不高，吞吐能力有限。在 B2C 电商领域，仍有相当一部分仓储采用人到货（Picker-to-Parts）的拣选模式，即工人移动至货物存储位置完成电商订单挑拣。随着人力成本和土地成本的逐年上升，以及消费者物流配送体验需求的不断提高，传统仓储企业利润空间不断缩小，运营压力越来越大。因此，具有高土地面积利用率，低人力成本，高作业效率等优点的自动化仓储发展迫在眉睫。

仓储的自动化可以追溯到 20 世纪 50 年代自动存取系统（Automated storage and retrieval systems，AS/RS）的引入[2,3]。标准的 AS/RS 采用高位货架存储货物，由堆垛机在货架间的巷道内通过水平和垂直移动，到达货架指定位置并完成货物的拣选和存储操作。目前，AS/RS 仍然是应用规模最大的自动化仓储系统[3,4]。但是随着物流配送订单处理需求的增加，仓储环境下订单拣选作业比重不断上升，对企业订单拣选效率提出更高要求。在 B2C 电子商务领域，仓储系统面临商品种类多，订单数量大批量小，交付时间紧，订单波动大等挑战[5]。而标准 AS/RS 中每条巷道只依靠一台堆垛机完成货物的存取操作，系统作业效率不高，可扩展性不强，难以满足现今电商企业对仓储系统的要求。因此，为进一步提高系统挑拣效率，机器人技术逐渐被应用，并发展出多种自动化存取系统。例如，紧致化自动小车存取系统（Robotic compact storage and retrieval system，RCSRS）[6]、自动小车存取系统（Autonomous vehicle storage and retrieval system，AVS/RS）[7]以及移动机器人订单履行系统（Robotic Mobile Fulfillment System，RMFS）[8]，等等。其中，RMFS 是一种特别适用于 B2C 电子商务订单履行并被广泛应用的自动化存取系统，可以在拣选和补货过程中快速、频繁地重新分配工人和机器人，以应对频繁巨大的需求波动。RMFS 的概念最先由 Jünemann 提出。在 2008 年，KIVA Systems 公司在美国获得了该系统的授权专利，并于 2012 年被亚马逊收购，更名为 Amazon Robotics[5,9]。此后，Swisslog、Interlink、GreyOrange、Mobile Industrial 等公司也相继推出了自己的 RMFS[10]。同 AS/RS 相比，RMFS 具有拣选效率高、柔性强、可扩展性好、灵活度高等优势[11,12]。基于以上优势，RMFS 在 Amazon、Walgreens、Zappos、Staples、Diapers、Gap 等企业的仓储中皆得到了广泛应用[13]。截至 2017 年，Amazon 已经在超过 25 个仓储中采用了 RMFS，部署了超过 4.5 万个移动机器人，并在 2019 年跃升至 20 万。在我国以京东、天猫、苏宁为代表的电商企业也已将 RMFS 应用到自己的仓储中，大大提高了仓储货物挑拣效率，提升了物流配送服务质量。

1.1.2　问题提出

虽然 RMFS 已经被广泛用于实际仓储环境中，但随着消费结构的不断升级，"新零售"模式的提出及发展，线上线下的逐渐融合，都促使着物流供应链向着多级分仓布局发展。因此，提高 RMFS 订单拣选效率，将对提高物流服务效率和质量具有重要意义。

根据知名学者 De Koster 的定义，订单拣选是根据客户的特定要求从仓库（或缓冲区）存储位置拣选产品的过程[14]。RMFS 中的订单拣选过程采用一种货到人（Parts-to-Picker）的人机协作模式，其应用场景如图 1-1 所示。图中机器人负责货架搬运，将存有指定商品的货架运至工作站，挑拣员在工作站中负责货物拣选，从搬运来的货架上拣选所需货物并打包，该过程是 RMFS 中最为核心的仓储流程之一。

图 1-1　Kiva 系统应用场景

在订单拣选过程中，尽管仓储系统自动化程度的提高降低了人工作业比重，提升了系统效率，但在货物拣选这类需要工人认知、推断、决策、操作的活动中，工人的角色仍然难以在一定时期内大范围被自动化设备有效替代。因而，提升人机协作效率，使机器人更好地配合挑拣员进行货物拣选将是提升移动机器人订单履行系统效率的关键问题。目前关于订单拣选的研究主要集中在系统设计及运行策略优化方面，以实现经济绩效为主要目标，鲜有将人为因素考虑在内的研究[15,16]。在 RMFS 实际作业环境中，以效率优先的机器人移动取代传统仓储中耗时重复的人工行走，虽极大地提升货物搬运效率，但也为在工作站配合机器人进行长时间、高重复性拣选活动的挑拣员带来较大的生理及心理负荷（如生理疲劳、脑力负荷及心理压力）。若工人长期暴露在不合理的作业负荷下,系统短期经济绩效的提升将以工人健康及人力成本为代价,人因将成为制约整个移动机器人订单履行系统效率获得长足发展的主要因素。因此,综合人因约束,通过机器人指派策略影响机器人搬运距离和在工作站停留时间,实现灵活、高效、和谐的人机协作模式下的机器人指派策略,是 RMFS 中值得研究的关键问题之一。

其次,作为基于移动机器人的订单拣选过程的主要组成部分,机器人指派通过选择不同工作站影响人机协作货物拣选效率。而货架搬运则是保障人机协作货物拣选作业顺利进行的必要保障。在实际货架搬运过程中,机器人通过轨迹跟踪方法达到指定位置并进行位姿调整方便挑拣员从货架上拣选商品。这个过程中,外界扰动、模型误差,以及参数时变等不确定因素,都可能会使得机器人位姿偏离参考轨迹,特别是运输过程中经常存在的负载变化或非平衡负载问题,会导致系统动力学模型产生较大变化,影响移动机器人在货架搬运过程中的稳定运行,甚至发生物料倒垛等安全问题,影响仓储系统有效运行。因此,在多种不确定性因素下提升机器人轨迹跟踪精度,提高机器人控制性能,以保障人机协作货物拣选任务的顺利进行,同样是 RMFS 中值得研究的关键问题。

综上所述,机器人指派决策及机器人货架搬运作为人机协作订单挑拣过程中的关键过程及问题,显著影响着移动机器人订单履行系统的运行效率。因此,本研究提出人因约束下基于仓储移动机器人的订单拣选过程优化研究。

1.1.3 研究意义

本研究围绕移动机器人订单履行系统"人机协作订单拣选过程优化"这一目标,对人因约束下机器人指派策略以及机器人轨迹跟踪控制展开研究,具有以下理论和实践意义。

1.1.3.1　理论意义

仓储移动机器人在 RMFS 中的大量部署，极大地提高了订单拣选效率，但也增加了订单拣选过程的研究复杂度，机器人指派策略优化和货架搬运中的轨迹跟踪控制问题对于 RMFS 人机协作订单拣选过程优化具有重要的理论意义。首先，在移动机器人订单履行系统指派策略优化研究中，本研究将挑拣员与移动机器人订单履行系统视为人因集成系统，运用 Independent Q-Learning、QMIX 等强化学习算法，提出面向人机协作的基于挑拣员主客观生理状态的机器人指派决策方法。其次，综合机器人货架搬运中多种不确定因素下的移动机器人轨迹跟踪控制，本研究提出了一种鲁棒轨迹跟踪控制方法，提高了机器人跟踪控制性能。研究所提问题架构、理论、模型及方法赋予移动机器人订单履行系统效率新的理论意义与内涵，为 RMFS 效率的提升提供了有效方法，为其他生产制造系统的设计优化，特别是考虑人因约束的系统运行策略优化，提供了新的思路以及有效的理论依据。

1.1.3.2　实际意义

本研究以采用货到人–人机协作方式完成订单拣选的移动机器人订单履行系统为研究对象，对订单拣选过程中涉及的人因约束下的机器人指派策略优化以及多因素下机器人货架搬运轨迹跟踪控制展开研究，实现了在兼顾挑拣员生理状态的同时保证 RMFS 运行效率的综合目标。基于挑拣员生理状态的机器人指派策略研究，实现了对挑拣员疲劳–压力水平的有效管理，并为合理的工间休息制度提供理论依据。而仓储移动机器人的轨迹跟踪控制方法研究，保证了在外界扰动、负载变化、模型误差等不确定因素影响下机器人货架搬运的稳定运行，为人机协作订单拣选提供了有效保障。研究所提出的 RMFS 订单拣选过程优化技术与方法，为提高 RNFS 订单拣选效率提供了有效的科学手段，为增强电子商务企业的服务竞争力，同时推进仓储物流系统的可持续发展提供重要的推进力量。

1.2　研究对象

1.2.1　移动机器人订单履行系统概况

移动机器人订单履行系统是一种特别适合 B2C 电子商务领域的自动化仓储系统，通过移动机器人将装有指定货物的货架运往工作站，由货物挑拣工人完成拣选，极大地提升了工人生产力和系统吞吐量。

如前所述，第一个移动机器人订单履行系统由 Kiva System 公司（Amazon 收购后，更名 Amazon Robotics）于 2006 年安装部署，称为 Kiva system，如图 1-1 所示。通常情况下，RMFS 被布置在一个人为划分的地面网格上，每个网格有条形码标记，方便定位；中间为存储区域，一般由过道（Aisle）和交叉过道（Cross-aisle）划分为 2×X 的单深布局，不仅可以节省空间，而且保证任意货架位置都可以由存储区域中的过道或交叉过道直接到达；工作站分布在存储区周围，每个站点都可以作为拣选站点或补货站点。在实际系统中，拣选站将位于出站输送机附近，补货站将位于托盘下货点附近。如图 1-2（b）所示为 RMFS 的一个示例布局。

RMFS 系统由三个主要部分组成：机器人驱动单元（Robotic drive units），货架（Inventory pods）以及工作站（Work stations）。机器人驱动单元装配有机械提升机构、旋转机构以及集成摄像系统，主要负责接收中央计算机或分散控制系统的指令，将库存货架运送到工作站，以便重新装货或拣选。空载的机器人可以通过货架下面直接移动到指定货架位置，如图 1-2（a）所示[17]，利用机械提升机构可以从下方将超过 1 000 kg 的货架抬离地面，之后沿着过道或交叉过道完成运输。运输过程中，机器人通过摄像系统持续读取地面网格上标记的条形码定位自己，旋转机构允许机器人在相邻网格间直线移动。

（a）带货架的机器人

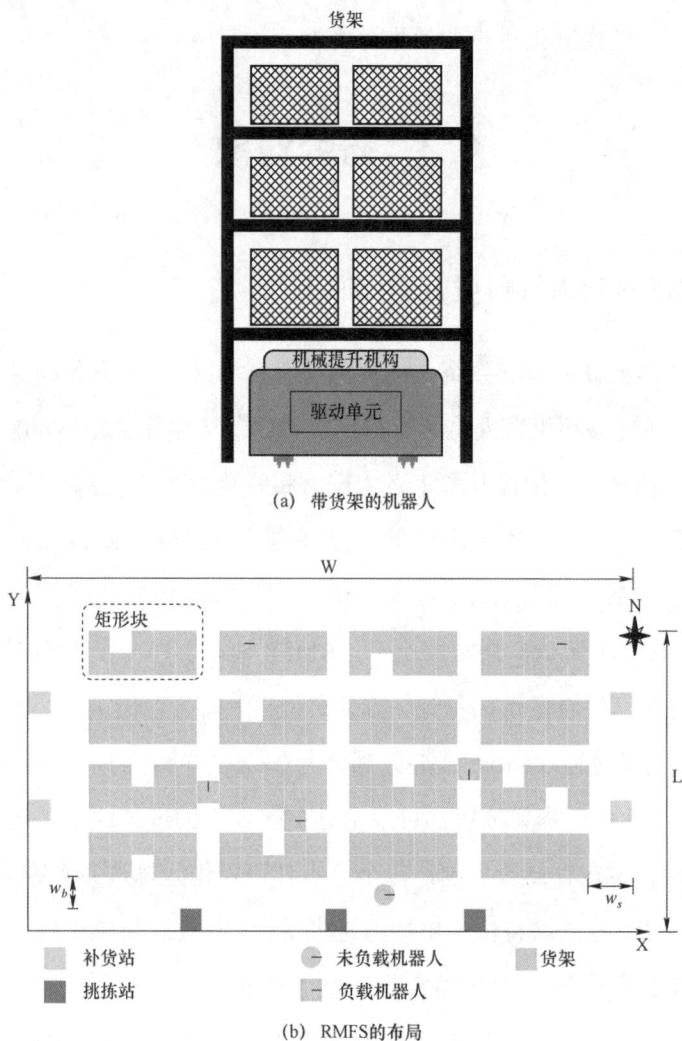

（b）RMFS的布局

图 1-2　RMFS 的基本要素和布局

可移动库存货架有两种标准尺寸，较小的货架重量上限为 450 kg，大货架重量上限达到 1 300 kg，可以停放在存储区域中任意一个开放位置。货架有四个面，在工作站中需要机器人驱动单元旋转货架，以向挑拣员呈现正确的面。

每个工作站都配备了一台计算机，用于记录数据并控制拣选灯、条形码扫描仪和用于识别拣选位置的激光指示器。人类工人执行补货，拣选和打包功能。每个产品在工作站经过扫描后才可入库或出库,该过程使得整体拣选错误率下降,并可能会消除对拣选后质量控制的需要。

1.2.2 移动机器人订单履行系统流程与优势

在 RMFS 中存在两类作业流程即订单拣选作业和库存补给作业。存取作业主要包括 6 个步骤:

(1)存取作业任务在系统外部等待可用的移动机器人,并按任务顺序依次分配给可用移动机器人。

(2)可用移动机器人从其待命位置沿最短路径移动至存取作业任务对应的目标货架底部,并由机械提升机构抬起货架。

(3)移动机器人沿着过道和交叉过道将货架运输至目标工作站。

(4)如果挑拣员或补货员处于工作状态,机器人在工作站的缓冲区中排队等待。

(5)在取货作业中,挑拣员从货架上取下指定种类和数量的货物放入料箱中;在存储作业中,补货员将指定种类和数量的货物存放入货架上。

(6)当挑拣员或补货员处理完一个货架后,移动机器人会将其存储在一个空的存储位置。两类作业过程如图 1-3 所示。

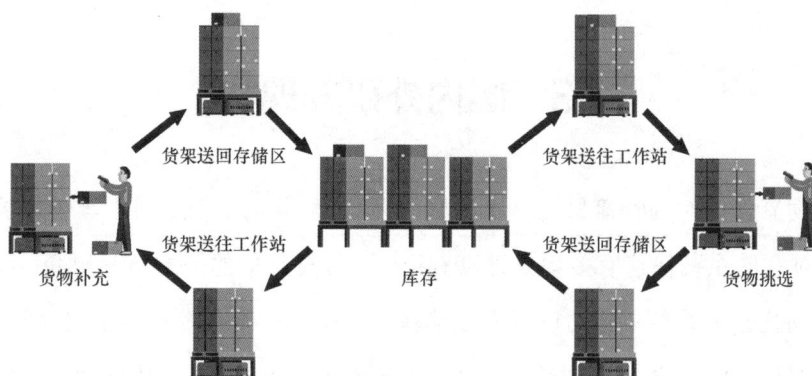

图 1-3　RMFS 中检索和存储过程

相比传统仓储系统，RMFS 具有下列优势[11,12]：

（1）更高的效率。首先，RMFS 同时采用多个机器人进行运输，极大地提升了运输效率。其次，挑拣员可以在工作站中实现多个订单并行处理，提高了拣选效率，在工作站保持一定机器人队列的前提下，每小时可以完成600 个订单行。

（2）更好的灵活性。RMFS 是一种部署在地面的仓储系统，没有大型固定设备的安装。可以根据需要增减货架、机器人以及工作站数量。对货架重新分配可以快速调整系统布局。

（3）更高的柔性。RMFS 的灵活性使得系统在面对巨大的需求波动时，可以根据需要调整系统结构参数配置，以改变系统的吞吐能力，具有更高的柔性。

（4）更强的容错能力。与传送带运输不同，当机器人驱动单元失效时，系统中的其他部分仍然可以继续工作，对系统效率没有明显影响。

可以看出，机器人订单履行系统中的订单拣选和库存补给均采用人机协作的作业模式，包括机器人运输过程和操作员拣选/补货过程。因此，考虑挑拣工人不同生理状态下的机器人指派以及机器人货架搬运的平稳运输，都是移动机器人订单履行系统得以稳定高效运行的关键因素及有效保障，也是本研究的关键研究内容。

1.3 国内外研究现状

物流仓储作为物流供应链中的核心环节，随着电子商务线上零售业的发展，对仓储系统快速有效地处理高频次、小批量订单的需求日渐提高。而新型自动化仓储系统–移动机器人订单履行系统的应用有效解决了这一问题。本研究以 RMFS 为研究对象，从移动机器人角度出发，对人因约束下 RMFS 协作订单拣选过程中的决策阶段移动机器人指派策略以及执行阶段移动机器人搬运过程的轨迹跟踪控制展开研究。根据研究内容，本节将从移动机器人订单履行系统、订单挑拣过程中的人为因素以及轮式移动机器人轨迹跟踪控制三个方面的相关国内外研究现状展开分析。

1.3.1 移动机器人订单履行系统相关研究

移动机器人订单履行系统是一种新型的货到人自动化存取系统，得益于其效率高，灵活性高，柔性好，可扩展性强等优势，自2006年投放市场后，得到了广泛应用。但由于这一系统出现较晚，其相关研究仍然较少，主要集中在系统设计规划和运行策略优化两方面。

1.3.1.1 移动机器人订单履行系统设计规划相关研究

移动机器人订单履行系统（RMFS）是一种设计规划灵活的自动化仓储系统。货架等系统设备均放置于地面，不需要进行大型固定设备的安装，仅通过对仓储系统参数的灵活调整，就可以满足不同的布局要求和订单需求。也正因为此，在 RMFS 进行实际应用之前，首先需要对系统进行详尽合理的设计规划，以确保方案成功运行。目前的相关研究可以归纳为布局设计、仓库结构参数配置优化，以及系统架构设计三方面。

仓储系统的布局设计是系统投入使用前的重要决策之一，不同的布局将对系统效率成本产生巨大影响。RMFS 中存储区长宽比、工作站位置、货架布局以及机器人驻留位置等因素，都会影响机器人行驶距离，进而影响系统作业绩效。Lamballais 等[8]针对单行订单和多行订单两种情况，建立了半开半闭排队网络模型（Semi-open queueing network），用以估计仓储存储区在不同长宽比，工作站位置以及分区策略下的最大订单吞吐量等系统性能指标。仿真结果证明了模型的准确性，并表明分区策略，拣选站位置，存储区长短比例等因素对性能的影响。该研究为系统设计人员提供了有效的理论模型和理论指导，有助于快速估计不同战略决策对系统性能的影响。此外，其他学者对 RMFS 布局的各个方面进行了更深入的研究；在货架布局方面，为提高地面利用率，RMFS 货架布局可以从单深设计为多深布局。目前，RMFS 旅行时间模型多是针对单深或双倍深布局。为此，Wang 等[17]提出了多深式 RMFS 的旅行时间模型，从周期时间方面估计系统的性能。Yang 等[18]则将多深紧凑型 RMFS 建模为半开半闭排队网络模型。基于模型研究了不同深度，工作站位置，机器人数量等因素对系统吞吐量、订单周转时间等系统性能指标的影响。考虑到存储货架的异构性，货架布局问题中还应特别考虑存储分配问题。Guan 等[19]在货架和物品关系已知的前提下，将货架储位分配问题转化为整数规划模型，基于同步分区策略和谱聚类算法提出一个三阶段算法求解模型。随后，Kim 等[20]和 Xiang 等[21]考虑了货架上物品分配问题，以最大限度地提高每个货架上物品的相似值。在将商品分配问题建模为整数规划模型后，通过所提启发式算法实现优化目标。根据 Lamballais 等[8]的研究，系统绩效对工作站位置变化敏感；在工作站位置方面，Wu 等[22]根据工作站和存储区相对位置提出了七种不同布局场景，通过建立的半开半闭排队网络模型估计了每种布局下的系统作业绩效。结果表明，工作站位于存储区内部时效率优于位于存储区外部。同时，存储区分区可以提升系统作业绩效，且垂直分区优于水平分区。Feng 等[23]则在传统布局和 Flying-V 布局下，以最小化机器人移动距离为目标，通过对建立的整数规划模型求解，确定了最优工作站位置。

仓库结构参数主要包括机器人数量与速度，货架补货率以及工作站数量等因素。其中，机器人作为 RMFS 的主要组成部分，其数量和速度都对系统绩效和系统投资成本有直接影响。为此，Yuan 等[24]在机器人对于工作站是"专属"和"共享"两种协议下，建立了开环排队模型，并通过数值分析试验确定最优机器人个数，行驶速度以及机器人与挑拣员最优比例，以最小化吞吐时间。Lienert 等[25]通过仿真模型预测不同巷道类型以及机器人数量下的订单吞吐时间。仿真结果表明，在机器人个数较少时，建议采用双向单行道布局，且吞吐量是车辆数量的线性函数。而随着机器人数量增加，每个额外的机器人提供吞吐量减少，当数量增加到一定时，系统性能达到上限。这一现象与系统中挑拣员能力上限相关。为此，Gong 等[13]在权衡了挑拣员和机器人能力的情况下，开发了高维 Markov 模型来建立系统性能（吞吐量）同系统配置（机器人数量，机器人能力以及挑拣员数量）之间的联系，确定机器人的最优数量和机器人的能力。并且该文献是第一篇考虑 RMFS 中具有紧急订单和标准订单两类订单的研究。Lamballais 等[26]通过建立的半开半闭排队网络模型，确定一种货品的最优货架存放数量，拣选站和补货站最优比以及最优补货比。

近期的一些研究，在传统 RMFS 的基础上，设计了新的系统架构以优化系统。Lee 等[27]将信息物理系统集成到 RMFS 中，实现多机器人动态无碰撞路径规划，并且基于云的系统允许公司在订单履行过程中查看物流流程和信息流。另一方面，考虑到设计合适的路径规划策略和调度策略是困难费时的，Wang 等[28]针对中小型的物流仓储设计了一种基于通道机器人的模块化 RMFS。其中，每个挑拣员负责一个独立模块内所有的订单拣选任务，每个模块包含多个巷道，每条巷道由一个专属机器人负责，避免了巷道拥堵以及路径规划策略设计。随后，作者建立了一个包含基于瓶颈模型和开放排队网络模型的分析模型，以估计系统的吞吐量和平均订单流时间。最后提出了两阶段的设计方案，为管理者提供快速的最优布局设计。

1.3.1.2 移动机器人订单履行系统运行策略相关研究

系统运行策略决定了系统的作业规律，并直接影响系统作业性能。与传统仓储相比，RMFS 使用了一组可以同时访问整个存储区域的机器人队列，在提升系统作业效率的同时，也极大地改变了运行决策设计。鉴于其特殊性，很多研究者对 RMFS 的运行策略进行了研究，以实现对系统中订单、货架、机器人、储位等资源的优化管理。

在拣选站，挑拣员可以对多个订单同时处理，订单对应的货箱共同摆放在工作台上，将拣选的物品放入对应的货箱中。一般地，需要对到达拣选站的订单进行排序，以决定处理顺序。该决定与货架的到达顺序密切相关，因为货架内容与当前订单批次所需的库存量单位（Stock keeping unit，SKU）越匹配，订单就越容易完成。因此，很多研究将订单和货架的分配、排序问题统一研究。De Koster 等[14]和 Gu 等[29]调查总结了传统仓库中批处理和订单排序方面的巨大研究成果。然而，货架到达顺序的偶发性完全改变了这个问题，因此以前的研究似乎并不直接适用。Boysen 等[30]将拣货站拣选订单的批处理和排序，以及货架排序问题同步处理，将问题转化为混合整数规划模型，并分解为两个子问题进行分析，采用模拟退火算法对模型求解。仿真试验表明，与现实仓库中采用的策略相比，优化后的系统所需机器人数量减少一半以上。随后，Yang 等[31]在考虑货架延迟的情况下，提出了新的贪婪算法来求解订单排序和货架调度问题建立的混合整数规划模型。Valle 等[32]不仅考虑了单个拣选站货架排序问题，还针对多个拣选站，研究了订单以及货架在多个拣选站之间的分配问题。最近，Xie 等[33]在订单分配前，先将订单进行拆分，之后同时对货架以及单条订单行进行分配。利用启发式算法对所提出的集成模型求解，试验结果表明工作站的货架访问数量明显减少。此外，Xiang 等[21]和 Li 等[34]则分别针对订单分批和最优货架选择进行了研究。

在拣选站完成检索任务的货架需要重新确定存储区内的停放位置，合适的存储位置可以有效减少机器人的行驶距离，提高拣选效率。Krenzler 等[35]针对货架指派问题提出了一个确定模型，并在模型基础上对基于 Tetris 算法，固定位置以及随机位置等任务分配方法进行比较。结果表明基于 Tetris 算法的任务分配方法更具鲁棒性。然而作者在文中指出确定模型只是建立一个更现实的机器人仓库随机模型的起点。Weidinger 等[36]将货架指派问题建模为一个特殊的区间调度问题，采用自适应规划方法求解。试验结果表明，在传统仓库中广泛应用的成熟规则，如随机和专属存储策略，会导致相当大的最优差距。然而，考虑 RMFS 的特性，调整后的规则带来了非常好的结果。并且采用的自适应方法甚至可以成功地应用于具有数百个货架和存储区域中超过 1 000 个货架停留点的大型实例。Nigam 等[37]和 Yuan 等[38]在基于类的存储分区中研究指派策略对系统效率的影响。Nigam 等通过建立的多类闭环排队网络模型研究随机和最近指派策略对系统的影响；Yuan 等通过流体模型，利用存储单元速度的异构性：高速存储单元存储在附近，而低速存储单元存储在很远的地方，研究基于速度的指派策略的性能。基于实际工业数据建立的仿真验证了策略的有效性。不断变化的需求、不确定性和差异化的服务，要求更具灵活性，可以实时决策的货架指派策略。为此，Rimélé等分别利用强化学习[39]和监督学习[40]提出了动态的指派策略。对完成检索任务的货架进行指派是一种被动分配策略，Merschformann[41]提出了一种主动分配策略，即在系统运行期间或停机时间将货架主动搬运到合适的储位，通过仿真试验证明，主动分配策略可以大幅增加系统订单吞吐量。同时，Merschformann 等[10]还采用仿真模型分析拣选过程和补货过程中的订单分配、货架选择以及货架指派决策问题，并采用多个性能指标进行评估。所有的仿真实验在他们开发的仿真模拟器 RAWSim-O[42]中进行。

RMFS 中，无论是货架的调度、排序还是存放都离不开机器人的搬运。作为系统的重要组成部分，机器人任务分配，调度，待命位置等问题都会对系统绩效产生影响。在机器人任务分配方面，Zhou 等[43]以平衡机器人工作量和行驶距离为目标建立目标函数，提出了一个平衡启发式机制，并将这一机制分别用于拍卖和群集策略中求解。随后，围绕着提高作业效率这一目标，开发出基于改进遗传算法,表上作业法以及二分图匹配和模糊聚类的任务分配算法。对于待处理的任务，需要确定机器人的调度策略，以减少挑拣员的等待时间。为此，Yoshitake 等[44]提出了一个更加灵活的 ShelMigrant AGV系统，并采用了实全息调度方法，极大地提高了效率。Gharehgozli 等[45]以最小化总旅行时间为目标,将调度一个移动机器人执行一组货架检索请求的操作问题,转化为非对称旅行商问题,提出自适应大领域搜索算法求解模型。此外,Zou 等[46]基于建立的半开半闭排队网络模型分别针对机器人指派策略以及充电策略进行研究。在机器人指派策略研究中,还提出了一种近邻域搜索算法寻找最优指派策略。Lienert 等[47]研究了机器人出现错误时的四种处理策略:忽略、暂停、重新启动、重新规划。仿真试验证明重新规划策略对吞吐量影响最小。徐贤浩等[48]以最短取货周期时间为指标,对系统中机器人的三种待命位策略进行比较。Roy 等[49]研究了在多个分区下,"专属"机器人和"共享"机器人的分配问题。研究表明,将机器人分配到吞吐量较少的分区,可以提高系统吞吐量。

为 RMFS 中的多机器人规划无死锁、拥堵、碰撞的最短路径是系统稳定高效运行的重要保证。RMFS 中的路径规划是一个多机器人路径规划问题。目前的研究方法可以分为基于图论,智能优化算法和强化学习以及利用精确算法和启发式规则三类[50]。例如,张丹露等[51]提出了一种预约表下动态加权地图的方法,实现机器人的无碰撞路径规划,并解决了拥堵问题。夏清松等[52]和 Zhou 等[53]分别提出了改进的蚁群算法和多智能体强化学习算法,实现多机器人在 RMFS 中的协同路径规划。Merschformann 等[54]在考虑机器人运动学限制的情况下,利用改进的 A*算法解决路径规划问题,并在不同的仓储布局下验证算法的有效性。Zhang 等[55]基于改进的 Dijkstra 算法,提出了一种基于碰撞分类的机器人无碰撞路径方法。针对四种碰撞分类提出了三种解决方案,并给出每种碰撞类型的解决方案。Kumar 等[56]为 RMFS 中的机器人提出了一种无碰撞路径规划算法,并在传统平行、水平、垂直以及鱼骨类型的布局下证明了算法的可行性。

1.3.2 人因在运行策略优化中的相关研究

人类是现今社会绝大多数工程系统中的重要组成部分,会参与到这些工程系统全生命周期中的装配、运输、安装等多个阶段[57]。特别在涉及生产、加工制造以及物流仓储系统中，存在着大量的人工参与工作。针对此现状，许多研究人员在十多年前就提出，在计划和运营决策中需要考虑人为因素或工人的具体特征，并将其纳入运营决策模型中，以更好地反映现实决策运营状态[58]。然而，人因作为重要因素出现在物流仓储领域的相关研究起步较晚，直到最近，以 Gross 和 Glock 为代表的学者才将人为因素纳入生产和物流领域的决策支持模型中[15,16,59,60]。Gross 等基于人-系统相互作用的基本概念，提出了四种与生产和物流系统中人工操作相关的人为因素：脑力因素（Mental）、生理因素（Physical）、认知因素（Perceptual）以及社会心理因素（Psychosocial）[16]。考虑到生产和物流领域中普遍存在着重复性劳动密集型工作，我们对这两个领域中涉及人为因素的运营决策的相关研究展开分析。

作业人员的脑力因素主要受其年龄、工作经验及学习能力等因素的影响。且由于对相关知识的掌握以及操作的熟练程度较高，经验丰富的工人在思考、判断及决策过程中可以以较低的脑力负荷，实现更加快速准确的任务执行。同时，受年龄、能力、知识、训练及培训程度的影响，每个人的记忆力以及学习能力也存在一定的差异。目前的研究主要集中在分析工人学习与遗忘，以及员工技能两方面对系统决策产生的影响。Gross 等[61]在订单拣选系统中证明了学习现象的普遍性，根据实际工业数据，利用回归分析，对可供选择的 6 条学习曲线拟合，选择出最符合实际的学习曲线。在随后的研究中，还建立了考虑学习曲线的订单拣选的解析模型，并通过数值算例对模型进行评价，给出相应的管理建议[62]。此外，学习曲线综合工人遗忘规律及疲劳恢复模型，还可以应用到订单系统存储策略设计[63]，生产系统工作调度[62,64]，以及预测操作员疲劳积累和生产率变化中[65]。工作技能的高低对系统作业效率的影响在装配车间中具有明显体现，为此，Costa 等[66]和 Sammarco 等[67]分别采用混合整数规划模型及基于智能体建模方法，研究了工人分配问题。而 Kiassat 等[68]及 Dode 等[69]则将工作技能因素集成到收益模型和离散时间模拟模型中，用于估计预期收益，并预测运营风险和系统漏洞。Elbert 等[70]分析了订单拣选过程中，挑拣员发生路线偏差的概率对拣选效率的影响。

生理因素包括工人的身体机能、能量代谢、忍耐力等。由于个体差异，每个工人在工作中的作业效率，持续高效工作时长都存在一定的差异。当工人体力难以满足工作强度时，持续高效工作不仅可能影响系统的正常、安全运行，而且会损害工人身体健康。在生产物流领域中，涉及大量生产线装配、订单拣选等劳动密集型工作。因此，合理的人机资源分配、工人调度以及流程优化对保证系统效率和工人福祉具有重要意义。目前任务分配方面的研究主要集中在装配线平衡问题上，装配线平衡是将任务尽可能均衡地分配给各个工人，以提高工作效率，避免资源浪费和工人持续超负荷工作。Battini 等[71]通过能量耗散估计人体工程学水平，综合工效学因素，开发了一个求解装配线平衡问题的多目标模型。通过 Pareto 前沿技术，分析了效率和能量消耗之间的折中问题。Cheshmehgaz 等[72]在装配线平衡问题中将装配工人的身体姿势风险纳入平衡问题中，利用姿势积累风险来估计工作场所工人身体特定肌群区域的风险水平。在其他的装配线平衡问题研究中，分别将人体工程学风险[73,74]、工作负载[75]、肌肉疲劳等[76]因素纳入平衡问题。在考虑任务分配的同时，对工人的灵活调度同样可以有效地缓解工人在工作中出现的负面生理状态。Mossa[77]针对以高重复频率的低负荷手动任务为特征的作业环境，提出混合整数非线性规划模型，旨在找到工作中的最佳工作轮换时间表，在提高生产力的同时，减少并平衡人体工程学风险，最终实现整体的效率提升。Asensio 等[76]针对装配车间环境，提出了旋转调度方法，以预防工作相关的肌肉骨骼疾病。在流程优化方面，Xu[78]将上肢工效学和工作人员分配联系起来，开发了整数混合规划模型，应用到装配线设计问题中。Glock 等[79]提出了一个集成模型，用于订单排序以及挑拣员和托盘旋转的规划中，通过有选择地旋转托盘可以提高拣选效率并减少工人脊椎肌群负荷。Battini 等[80]、Sadiq 等[81]、Larco 等[82]、Petersen 等[83]以及 Calzavara 等[84]

主要研究了订单拣选系统中订单拣选方案或存储分配策略对挑拣员人体工效的影响。在其他相关方面的研究中，Battini 等[85]从人体工效学出发，对订单拣选系统内直接雇佣和间接雇佣的不同配置关系进行了评估研究。Sobhani 等[86,87]开发了状态 Markov 链以实现风险因素影响的量化分析，从而估计出其在装配线绩效中的经济影响。Andriolo 等[88]考虑了在库存管理方面单品补货批量决策对员工人体工程学风险的影响。

社会心理因素包括工人的性格、情绪、承受力以及工作态度等因素。长时间高强度的重复性工作容易使工人产生倦怠、压力、厌烦等情绪，进而影响工作效率。因此，根据工人的心理状态、性格特点合理进行工作量及工作强度分配十分重要。认知能力通常与工人的记忆水平，失误率，反应时间等方面相关，是信息感知、选择及加工处理的过程，在生产和物流领域的系统运营中综合社会心理因素和认知因素的研究相对较少。Mossa 等[77]、Bautista 等[74]、Asensio 等[76]以及 Otto 和 Scholl[73]的研究中涉及一定的社会心理因素研究，但并未展开研究。Elbert 等[70]在对仓储内订单挑拣员路径偏移的研究中，所涉及的工人失误在一定程度上与认知因素相关。

与生产物领域相反，在人机工效学领域，关于人为因素的分析已经有丰富的研究成果[83,89-96]。例如，De Vries 等[91]研究了个体差异（性格）对不同订单拣选工具和方法的作用。然而，这些研究更加侧重环境、任务等因素与人为因素之间的关系。Battini 等[89]开发了一种创新的全身系统，通过无线传感器，实时评估仓库环境中人工物料搬运过程的生理状态。由于本研究关注的重点是人为因素在运营决策中的研究，与人机工效学的研究内容并不相同，本研究不做更深入的介绍。

1.3.3　移动机器人轨迹跟踪控制相关研究

订单拣选是根据客户的特定要求从仓库（或缓冲区）存储位置拣选货物的过程，是仓储中最为劳动密集型的作业活动，对系统的效率和运营成本有直接影响。RMFS 中订单拣选过程采用机到人的人机协作的方式完成订单拣选过程，通过移动机器人沿着规划的轨迹搬运货架至工作站，再由挑拣员完成货物拣选。搬运过程中，机器人可以采用路径跟随或轨迹跟踪方法到达指定位置。但考虑到路径规划方法对参考轨迹的限制，以及机器人运行中的实时位姿调整需求，RMFS 采用了更为合适的轨迹跟踪方法。此外，RMFS 内采用的移动机器人多为轮式移动机器人（Wheel mobile robot，WMR），是一个非线性，强耦合的多输入多输出系统。在实际系统中存在模型参数摄动，未建模动态，外界扰动等不确定性因素，为 WMR 的轨迹跟踪控制带来了很大的挑战。为进一步提升机器人控制效果，已发展出了多样化的控制方法。其中，反步（Backstepping）控制[97,98]、自适应控制[99]、滑模控制[100]以及智能控制[101]是在 WMR 轨迹跟踪控制领域中应用广泛的控制方法。

反步控制方法由 Kanellakopoulos 等[102]在 1991 年首次提出，是一种非常适合非线性系统的控制方法。该方法将复杂非线性系统分解为几个子系统，并为每个子系统设计中间虚拟控制量和 Lyapunov 函数，采用由后向前的递推方式，最终得到整个系统的控制率。Fierro 等[103]采用 Backstepping 技术和 Lyapunov 方程设计了全局渐进稳定控制器，实现了非完整移动机器人的运动控制器和扭矩控制器的集成。类似地，王川等[104]和吴卫国等[105]基于积分 Backstepping 方法和 Lyapunov 法，设计出全局渐进稳定的轨迹跟踪控制器。徐俊艳等[106]基于分层控制的思想，采用 Backstepping 时变状态反馈方法和 PID 控制器，实现了 WMR 的实时轨迹跟踪。Jiang 等[107]针对运动学和动力学的简化模型，基于 Backstepping 方法提出了一种时变状态反馈跟踪控制方法。同时，还针对链式非完整系统，基于积分 Backstepping 技术，设计了轨迹跟踪控制器[108-110]。目前，Backstepping 方法已经被推广到自适应控制[111,112]、滑模变结构控制[113]等领域。

自适应控制在 20 世纪 50 年代开始研究，最开始是应用于飞机的自动导航控制器设计上，是一种基于对模型参数在线辨识或估计的控制方法。自适应控制在先验知识较少的情况下仍然可以拥有较好的控制性能，因此也被用于轮式移动机器人轨迹跟踪控制。Chang 等[114]在对象不确定性和外部干扰的情况下，为非完整机械系统设计了自适应跟踪控制器。Lefeber 等[115]针对具有参数不确定性的非完整四轮移动机器人，研究了自适应状态反馈跟踪控制问题。Lee 等[116]提出了一种基于降阶观测器的简单线性自适应控制器，来处理机器人系统中拥有未知参数和外部干扰的轨迹跟踪控制问题。在 Backstepping 方法提出后，基于 Backstepping 技术设计自适应控制器的研究也越来越受到研究者的关注。Fukao 等[117]将 Fierro 等[118]的工作扩展到含有未知参数的情况，通过 Backstepping 技术设计了自适应跟踪控制器。Shojaei 等[119]针对存在参数和非参数不确定性的链式非完整动态机器人系统，基于 Backstepping 技术设计了全局自适应轨迹跟踪控制器。Huang 等[120]针对非完整移动机器人中存在的未知参数，耦合以及不可观测的二次项，设计了用于观测线速度和角速度的两个高增益观测器和自适应跟踪控制器。Martins 等[121]考虑负载运输这类使系统参数发生变化的情况，设计了自适应跟踪控制器。Park 等[122]在机器人运动学、动力学和执行器动力学模型中所有参数都是不确定的情况下，提出了一种简单的自适应控制方法。此外，自适应控制还结合模糊逻辑[123]，神经网络[124]等技术设计自适应跟踪控制器。

滑模控制于 20 世纪 50 年代由苏联学者提出，是一种特殊的非线性控制方法，具有响应速度快、对参数摄动和扰动不灵敏、易于设计实现等优点，也被广泛用于 WMR 跟踪控制。Yang 等[125]对由极坐标表示的 WMR 运动学模型设计了滑模控制器，并在有界外部扰动下具有较好的鲁棒性。Chwa 等[126]同样研究了极坐标下 WMR 的滑模控制方法，但与以往的研究不同，该研究所提方法消除了对所需线速度和角速度及移动机器人姿势的约束。在较大初始误差和外界扰动下仍然可以有较好的跟踪性能。Hu 等[127]基于滑模控制以及非线性时变系统理论，解决了存在漂移不确定性的非完整系统鲁棒稳定性问题。同时，滑模控制也同模糊逻辑、神经网络[128]以及自适应控制[129,130]相结合，发展出新的控制器设计方法。需要注意的是，尽管滑模控制具有很好的鲁棒性，但由于滑模面固有的不连续性，控制器信号可能有抖动现象。为解决这一问题，可以引入边界层[131-133]，或采用高阶滑模控制器[134]消除抖动带来的影响。

智能控制方法主要包括模糊控制、神经网络控制以及进化算法等方法。这些方法都具有强大的学习能力，可以有效地应对外界扰动以及系统自身的不确定性等问题，为解决 WMR 轨迹跟踪控制提供了新的解决思路。Fierro 等[103]基于神经网络并通过 Backstepping 技术，将运动学控制器和神经网络扭矩控制器集成到非完整移动机器人中。采用的神经网络控制器可以有效地处理未建模的有界扰动。Das 等[123]针对不确定非完整移动机器人开发了自适应模糊控制器，其中模糊逻辑系统参数的在线调整保证移动机器人的在线控制。Sheng 等[135]则采用了遗传算法对非完整移动机器人中的控制器参数进行优化。

1.3.4　有待进一步研究和解决的问题

由以上国内外研究现状可得，目前关于移动机器人订单履行系统的相关研究已经取得了一定的研究成果与进展，在移动机器人轨迹跟踪控制方面更有较为丰富的研究成果。但是在实际应用过程中，仍然存在一些有待深入研究的问题，主要包括以下几个方面。

1.3.4.1　人因约束下 RMFS 运行策略设计

挑拣员作为 RMFS 中不可缺少的核心要素，对系统订单拣选效率有着重要影响。在决策支持模型中，考虑人为因素（如疲劳、压力、不适等）对系统运行进行规划决策更加符合实际需求。然而，目前关于 RMFS 运行策略的研究中极少涉及人因要素的相关研究，因此人因约束下 RMFS 运行策略设计是有待深入研究的问题之一。

1.3.4.2 复杂动态环境中实时决策设计

RMFS 可以在拣选和补货过程中快速、频繁地重新分配货架和机器人，以应对频繁巨大的订单拣选需求波动。相应地，仓储内工作站订单任务量、机器人位置、机器人队列、库存量等系统状态要素时刻发生着变化。因此，面对仓储系统的复杂动态特性，需要设计可以根据实时情况进行机器人指派决策的系统运行策略。因此，复杂动态环境中实时决策设计是 RMFS 中有待深入研究的问题之一。

1.3.4.3 移动机器人自主决策问题

在 RMFS 中会部署大量的移动机器人以保证系统的高效运行。系统内机器人指派、任务分配、轨迹规划等相关决策通常由一个中央控制系统完成，但在快速变化的仓储环境中，依靠传统方法设计面向全局的系统运行策略实现对多机器人的实时管理是极为复杂的。因此，通过提升机器人的自主决策，提升系统容错性及灵活性，进而降低系统运行策略设计难度具有重要意义，是 RMFS 中有待深入研究的问题之一。

1.3.4.4 复杂环境下轨迹跟踪控制

轮式移动机器人的货架搬运过程受模型误差，参数时变，外界扰动等多种不确定因素的影响，特别是，当发生负载变化或承受非平衡负载时，机器人质量、转动惯量会产生较大变化使得基于动力学模型设计的控制器难以达到期望的控制要求。因此，设计满足 RMFS 轨迹跟踪精度的控制器以抑制系统自身不确定性因素以及外界扰动因素的不利影响仍需要进一步深入研究。

1.4 研究内容和技术路线

移动机器人订单履行系统是一种被广泛应用在电商企业物流仓储的自动化存取系统,并通过移动机器人货架搬运以及拣选员对货架商品拣选的协作模式完成订单任务。该系统的相关研究主要集中在系统作业效率提升方面,鲜有将人为因素考虑在内的研究。然而,在移动机器人取代人工搬运的同时,对极度依赖拣选员认知、推断、决策、操作能力的订单拣选过程提出了更高的要求,人因成为制约订单拣选系统效率的关键因素。本项目以移动机器人订单履行系统为研究对象,主要围绕人机协作订单拣选过程动态优化这一目标,对订单拣选过程中的系统结构参数动态优化以及机器人指派策略开展了相应的研究工作。从拣选员生理状态管理,移动机器人和拣选员部署数量优化及移动机器人指派入手,利用深度强化学习算法,排队网络模型,深度学习等工具,在兼顾拣选员生理状态的同时保证系统效率。

本书以移动机器人订单履行系统为研究对象,主要围绕人机协作订单拣选过程优化这一目标,对订单拣选过程中的机器人指派和货架平稳运输开展了相应的研究工作。从人因约束下的机器人指派,挑拣员生理状态管理,复杂环境下轨迹跟踪控制入手,利用多智能体强化学习(Multi-agent reinforcement learning,MARL)算法,广义 Kharitonov 定理,干扰观测器及生理传感器等工具,在兼顾挑拣员生理状态的同时保证系统效率。本研究的总体技术路线如图 1-4 所示。

全书内容共分为 6 个章节,各章节的主要内容如下。

第 1 章:绪论。阐述了本研究的研究背景与意义,介绍了国内外相关研究现状及有待进一步解决的问题及方向,在此基础上提出本研究的主要研究内容及技术路线。

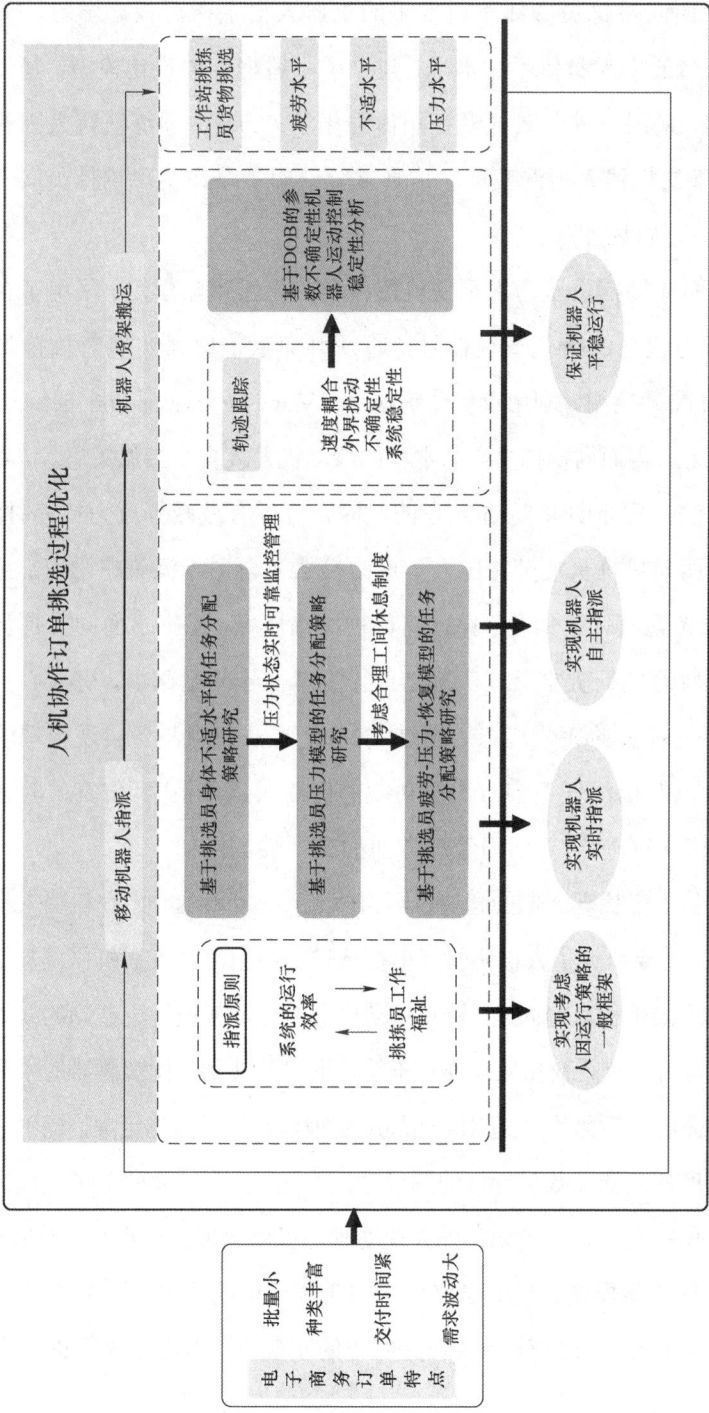

图 1-4 总体技术路线

第 2 章：面向挑拣员身体不适水平的机器人自主指派策略学习。针对 RMFS 中挑拣员的主观身体不适水平，建立了不适程度的量化模型。基于模型的量化估计，采用一种分散式多智能体强化学习方法，训练获得人因约束（不适水平）下的机器人指派策略。仿真试验证明策略在实现挑拣员间工作量合理分配的有效性。

第 3 章：面向挑拣员压力水平的机器人自主指派策略学习。采用了客观反映挑拣员压力状态的瞳孔直径信号，通过可穿戴传感器实现对挑拣员生理状态的实时准确检测。利用价值分解网络（Value-decomposition network，VDN）算法学习获得面向挑拣员压力水平的移动机器人自主指派策略。仿真试验证明所提方法在保证订单拣选效率的同时，可以有效减少压力持续时间。

第 4 章：面向挑拣员疲劳－压力管理的机器人自主指派策略学习。针对挑拣员面对的大规模订单集合、长时间货物挑拣情况，提出了面向挑拣员疲劳－压力水平管理的研究框架。在瞳孔直径生理信号的基础上，引入心率信号，实时检测挑拣员的疲劳状态。通过 QMIX 算法获得具备实现合理的挑拣员工间休息以及指派任务实时决策功能的机器人指派策略。仿真试验证明了机器人指派策略在疲劳－压力管理方面的有效性。

第 5 章：基于干扰观测器的仓储机器人轨迹跟踪鲁棒控制。在机器人指派决策的基础上，主要研究了人机协作订单拣选过程中指派决策后机器人基于轨迹跟踪控制的货架平稳运输问题。针对移动机器人在货架搬运中遇到的模型参数摄动，速度耦合，负载变化以及外界干扰，采用了基于干扰观测器的主动扰动抑制策略，提出了简化的广义 Kharitonov 定理，并基于简化定理，提出了干扰观测器和速度控制器参数可行域的图像分析方法。仿真试验验证了所提方法在面对被控对象参数有较大摄动，外界扰动时，可以保证轨迹跟踪的有效性。

第 6 章：总结与展望。基于研究内容与工作，总结了本研究的主要研究成果及创新点，并在本研究已完成研究内容的基础上，指出未来可进一步开展的研究方向。

第 2 章　面向挑拣员身体不适水平的机器人自主指派策略学习

2.1　本章引言

　　订单拣选是根据客户的特定要求从仓库（或缓冲区）存储位置拣选产品的过程。作为一个人力及时间成本密集的过程，占仓库总运营成本的 50%左右[136,137]，直接影响仓储系统的运行效率。尽管在 RMFS 内移动机器人运输替代了传统仓储内挑拣员无增值的行走，但在异构和动态变化的货物组合情况下，货物拣选任务仍然依赖挑拣员对货物信息的识别与判断能力，人机协作模式下的订单拣选过程为移动机器人订单履行系统效率的提升带来了更多的变动及可能性。因此，移动机器人订单履行系统中人机协作订单拣选过程已成为系统运行优化研究的关键要素之一。

　　在订单拣选过程中，仓储管理者必须时刻考虑的问题是，对挑拣员而言，订单拣选过程存在着大量高频重复的动作，会引起工人健康损伤。在已有的面向物流仓储运行管理的相关研究中，研究人员多侧重于开发有助于实现经济绩效目标的决策支持模型，例如，低成本或低订单吞吐量时间。人为因素在订单拣选过程中的关键作用以及因工人健康损耗带来的长期系统效率下降和利益损害经常被忽略，以"人因集成系统"的视角关注人为因素在系统设计及运营中的影响的研究极为稀缺。因而，在 RMFS 中考虑人机协作模式下的订单拣选过程研究，直接关系到移动机器人订单履行系统的运行效率，是系统运行关键内容。

为此，本章将在考虑 RMFS 中挑拣员不适水平的基础上，设计协作订单拣选过程中的机器人指派策略。针对"不适水平"这一主观概念，设计了不适程度估计的量化模型，将量化模型嵌入机器人指派决策模型中，采用多智能体强化学习（MARL）方法，其中机器人智能体在有效地学习既定目标（如最短处理时间）的同时考虑人类不适，实现人因约束下的机器人指派策略。

2.2　问题描述

本章面向图 2-1 所示的移动机器人订单履行系统，研究订单拣选过程中仓储移动机器人的指派问题。图 2-1 中载有目标货架的机器人在搬运货架前，综合考虑系统效率和挑拣员不适水平两方面因素，进而决定哪个工作站（挑拣员）更适合完成货物拣选工作。

从传统仓储管理效益优先的角度考虑，让工人和机器人尽可能地保持忙碌，使载有目标货架的机器人更偏向于被分配到距离短且处理速度快的工作站，以最大限度地提高系统效率和经济效益更符合过去物流仓储企业的主要目标。然而，由于工人经历、个体差异、工作强度以及工作时间的不同，在机器人指派时，每个员工都会表现出不同的不适水平。若依照传统机器人指派策略，继续给不适水平较高的挑拣员指派机器人，会进一步增加挑拣工人的疲劳与不适，进而损害 RMFS 的综合效率。因而，在考虑系统效率和工人不适水平的基础上，设计面向挑拣员人因约束的机器人指派策略，不仅提高工人的福祉，还可以通过降低工人健康相关成本和缺勤率来产生长期经济效益[82]。

针对本章研究的机器人指派问题，首先给出了一些针对实际 RMFS 合理的假设：

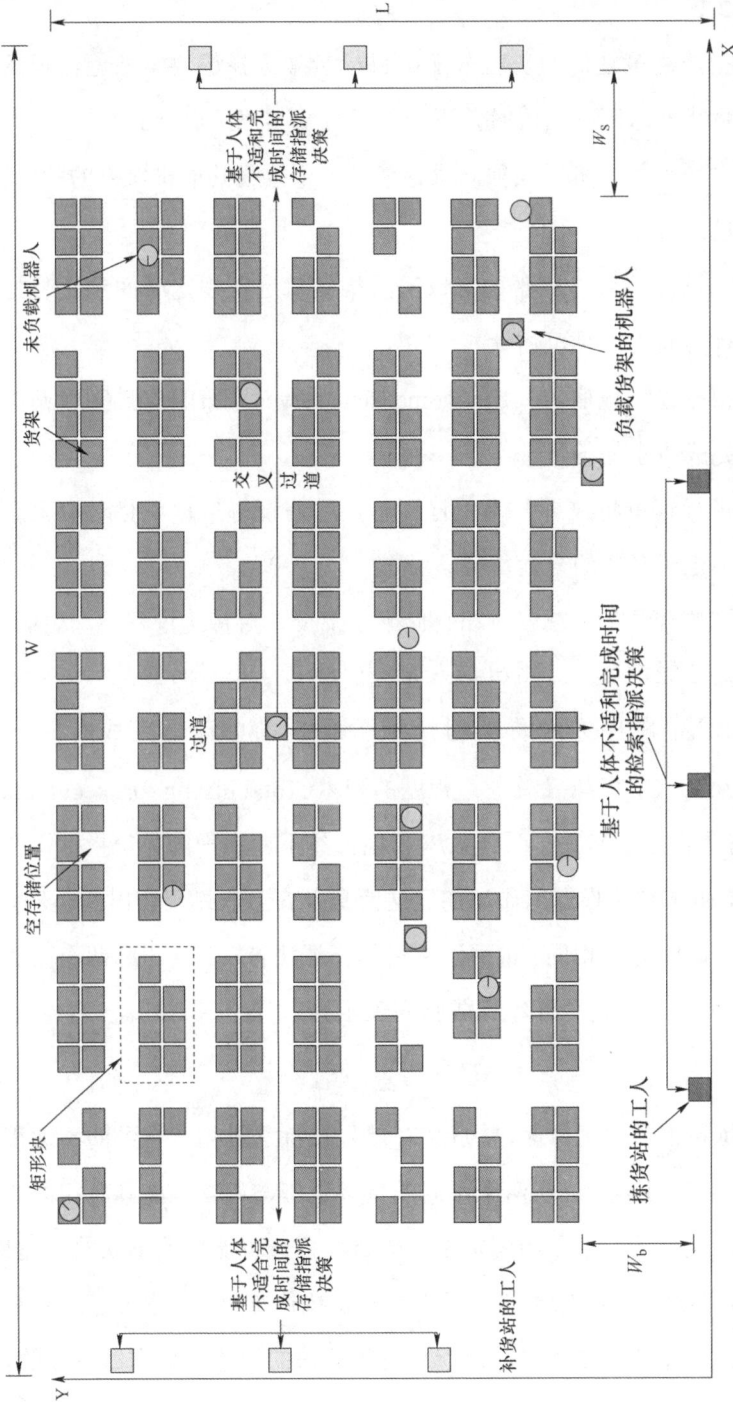

图 2-1　RMFS 中考虑人类不适的机器人指派问题

假设 2.1

（1）指派决策之前的货物分配、目标货架选择等决策问题已经解决，当机器人将货架送回存储区时，下一个目标货架已经确定。

（2）系统中每个机器人独立执行任务，不接收其他机器人的状态信息，避免信息过载。

（3）指派决策后，机器人可以沿着规划轨迹在规定时间到达目标工作站，即旅行时间确定且可估计。

（4）根据先到先服务（first-come first-served）策略安排工作站中排队的机器人完成检索任务。

（5）多行订单将被拆分为单行订单，并假设每条订单行对应单个货物类型，且指定了对应的检索货架。

（6）订单合并工作被安排在仓储下游部分，对拣选过程不产生影响。

基于上述假设，当一组机器人 $R = \{r_i \,|\, i = 0,\cdots,n\}$ 按订单集合 $O = \{o_j \,|\, j = 0,\cdots,m\}$ 的给定顺序完成货架搬运任务时，以总订单完成时间（Total makespan time，TMT）以及总不适程度的积累（Total discomfort accumulation，TDA），作为指派策略关于系统效率和挑拣员不适水平的评价指标。在系统效率方面，由于到达指定工作站的运送距离及在工作站停留时间不同，每个订单的完成时间并不相同，进而影响后续指派决策。定义相邻两个指派决策的时间间隔为 T_{int}，则总订单完成时间表示为：

$$\text{TMT} = \sum_{j=0}^{m} T_{\text{int}}^{j} \tag{2-1}$$

在挑拣员不适水平方面，从货架存储位置拣选货物所导致的不适程度可能也不尽相同。事实上，从两个不同的货架层拣选货物可能具有相同的不适程度。而在某些情况下，相同货架层的货物拣选可能导致不同的不适程度。因此，需要根据当前挑拣员的不适水平及待拣选货物的具体信息，指派机器人到合适的工作站完成拣选，以避免身体不适的挑拣员被指派更多的货架。

令仓储内所有挑拣员构成的集合定义为 $HP = \{h_p \mid p = 1, \cdots, w\}$，$N_{h_p}$ 表示挑拣员 h_p 完成订单数目，$p = 1, \cdots, w$ 为工作站编号。从货架存储位置拣选所需货物导致的不适程度定义为 D_{h_p}，则挑拣员 h_p 总不适程度积累可以表示为：

$$\text{TDA}_p = \sum_{op_p=0}^{N_{h_p}} D_{h_p}^{op_p} \tag{2-2}$$

因此，本章的目标是确定合理的机器人指派策略 π，不仅能够使得总订单完成时间最小，还能使所有挑拣员间的累积不适程度差异最小，表示为：

$$J(\pi) = \min_{\pi \in \Pi} \left\{ \sum_{i=0}^m T_{\text{int}}^i + \rho \sum_{p1=1}^w \sum_{p2=1}^w \mid \text{TDA}_{p1} - \text{TDA}_{p2} \mid \right\} \tag{2-3}$$

其中，ρ 是不适水平的权重参数，由仓储管理者决定。

2.3　不适水平量化模型

挑拣员完成一次货物拣选的不适程度受许多因素的影响，主要可以分为位置因素和货物因素。位置因素考虑的是货物在货架上的位置。货物因素包含货物的质量、体积以及单行订单中所需货物的数量。为了评估挑拣员整体的不适程度，采用了在人体工程学领域应用广泛的 Borg CR-10 量表[138]。其中，0 代表没有任何不适，0.5 代表刚好可以被挑拣员察觉到的不适，1 代表非常轻微不适，2 表示轻微不适，3 表示中度不适，4 代表有些强烈不适，5 表示强烈不适，6～9 代表非常强烈不适，最高等级 10 表示最大不适程度，需要立即停止当前的拣选活动。基于不适程度等级的 Borg CR-10 量表以及位置和货物因素，提出如下不适程度等级评定的估计模型建立方法[82]：

挑拣员在完成一次拣选任务后，由一个评估员直接询问其感受，并记录相关的位置因素和货物因素信息。这样不仅保证了挑拣员工作的持续性，还保证了挑拣员在完成一次货物拣选后身体感受描述的准确性。此外，Larco 等[82]已经证明使用线性回归模型可以根据订单拣选作业中的位置因素和产品因素有效地估计从货架某一层拣选不同产品的不适程度等级，并可以建立如下线性模型：

$$D = d_0 + \sum_{k \in K, k \neq k^*} \alpha^{(k)} L^{(k)} + d_1 HM + d_2 MV + d_3 HV + d_4 MQ + d_5 HQ + \sum_{h_p \in HP, h_p \neq h_{p^*}} d_6 E^{(h_j)} + IND + \varepsilon \qquad (2\text{-}4)$$

其中，$\alpha^{(k)}$ 和 $d_0 - d_6$ 为线性系数，可以基于记录的数据与式（2-4），通过回归分析估计。$L^{(k)}$，$k = 1, 2, 3$ 表示货物在货架上的存放位置，k 代表货架不同层级。为避免多重共线性，选择货架的一个层级 k^* 作为参考层级。以小质量、小体积以及低拣货数量作为参考值，将货物位置（$L^{(k)}$），大质量（High mass，HM），中等体积（Medium volume，MV），大体积（High volume，HV），中等拣货数量（Medium pick quantities，MQ）以及高拣货数量（High pick quantities，HQ）视为引起工人不适的主要因素。$E^{(h_p)}$ 为虚拟变量，用于量化不适程度估计中的个体差异，包括情绪和对不适的敏感性，h_{p^*} 表示作为参考的员工。IND 估计了在货架不同层级上拣选货物可能引起的相互作用的影响，可以由式（2-5）估计：

$$IND = HM \sum_{k \in K, k \neq k^*} z_0^{(k)} L^{(k)} + MV \sum_{k \in K, k \neq k^*} z_1^{(k)} L^{(k)} + HV \sum_{k \in K, k \neq k^*} z_2^{(k)} L^{(k)} + MQ \sum_{k \in K, k \neq k^*} z_3^{(k)} L^{(k)} + HQ \sum_{k \in K, k \neq k^*} z_4^{(k)} L^{(k)} \qquad (2\text{-}5)$$

其中，$z_0^{(k)} - z_4^{(k)}$ 为线性模型系数。

此外，Larco 等在两个实际仓储中的研究表明，个人特征对挑拣员的不适程度几乎没有影响，即虚拟变量 $E^{(h_p)}$ 对不适程度 D 的贡献为零[82]。并且发现，挑拣员在实际订单拣选活动中，只有 HM 和不同货架层之间的相互作用对员工的不适感有显著影响，即 IND 的估计值仅由 HM 和 $L^{(k)}$ 的相互作用决定。因此，挑拣员不适程度等级估计模型可以进一步表示为：

$$D = d_0 + \sum_{k \in K, k \neq k^*} \alpha^{(k)} L^{(k)} + d_1 HM + d_2 MV + d_3 HV + d_4 MQ + d_5 HQ + HM \sum_{k \in K, k \neq k^*} \beta^{(k)} L^{(k)} \qquad (2\text{-}6)$$

2.4　机器人指派策略学习

本节将机器人指派问题表示为分散式部分可观测马尔可夫决策模型（Decentralized partially observable markov decision process，Dec-POMDP），并采用一种多智能体强化学习方法来学习指派策略，具体讨论指派问题的系统状态表示、动作空间和奖励函数，并给出问题求解的多智能体强化学习算法。

2.4.1　系统表示

在 RMFS 中部署一组移动机器人队列 R，按订单集合 O 的给定顺序完成货架搬运任务。订单集合对应的货物随机分布在存储区域内不同货架的不同货架层上。载着目标货架的机器人，将根据指派策略分配给不同处理速度的挑拣员来完成货物拣选，每个工作站的处理速度定义为 T_{h_p}。本章将机器人的指派过程建模为 Dec-POMDP，其中为避免机器人信息过载，每个机器人不接收其余机器人状态信息，只接收与工人状态，货物信息以及自身状态的相关信息，并根据各自接收到的系统状态，遵循指派策略 π，$\pi \in \Pi$，做出指派决策，为一系列订单任务提供搬运服务。

令集合 $A = \{a_p \mid p = 0, \cdots, w\}$ 表示该机器人的所有指派行为。当 $p = 1, \cdots w$ 时，表示机器人被分配到序号为 p 的工作站，由挑拣员 h_p 完成货物拣选。而 $p = 0$ 表示机器人此刻没有完成当前任务，无法做出指派决策。机器人的指派决策基于系统状态 S，包括机器人状态集合 RS、订单信息集合 OI 和工作站信息集合 WI。

停留在驻地的机器人 r_i 接收位于位置 P_{o_j} 的货架搬运任务，o_j 表示订单集合 O 中第 j 个订单。在搬运过程中，机器人可以通过扫描贴在地上的条形码，确定自己当前的位置，记为 $P_{r_i}^{o_j}$。对于每个机器人，使用布尔值 b 来表示当前的任务状态。如果机器人正在处理当前的搬运任务，则 $b=0$；否则，D，表示机器人当前空闲，可进行下一任务。基于以上描述，每个机器人的状态集合定义为 $RS_{r_i} = \{P_{r_i}^{o_j}, P_{o_j}, b\}$，机器人状态集合可以表示为 $RS_{o_j} = \{RS_{r_0}, \cdots, RS_{r_n}\}$。

根据式（2-6），订单信息集合由目标货物在货架上的存储位置 $L^{(k)}$、质量 M、体积 V 以及拣选数量 Q_g 组成，定义每个机器人所载货架对应的订单信息集合为 $OI_{r_i}^{o_j} = \{L_{r_i,o_j}^k, M_{r_i}^{o_j}, V_{r_i}^{o_j}, Q_g^{o_j,r_i}\}$，则订单信息集合由所有机器人所载货架的订单信息组成，记为 OI_{o_j}。每个工作站记录挑拣员的累计不适程度等级，记为 TDA_p，并组成工作站信息向量 $WI_{o_j} = \{TDA_1, \cdots, TDA_w\}$。基于所有需要的向量，在进行订单 o_j 对应货架的搬运时，系统状态表示为 $S_{o_j} = \{RS_{o_j}, OI_{o_j}, WI_{o_j}\}$，机器人对系统状态的观测表示为 $S_{o_j}^{r_i} = \{RS_{o_j}^{r_i}, OI_{r_i}^{r_i}, WI_{o_j}\}$。而机器人状态观测 $S_{o_j}^{r_i}$ 中不仅包含了影响指派决策的主要信息，而且极大地减少了状态维度。

根据式（2-3）的目标函数设计奖励函数，每个指派决策都会影响总订单完成时间以及完成该拣选任务挑拣员的不适程度积累。因此，机器人的每次指派决策将受到时间成本和人体不适水平两方面的惩罚。根据式（2-1），每次指派决策的时间成本惩罚 TC 等于当前指派时刻距上次指派决策的时间间隔 T_{int}。不适水平惩罚等于完成该指派任务的挑拣员不适程度等级积累 $\sum D_{w_l}$。也就是说，机器人如果指派给一个比其他员工感觉更不舒服的挑拣员，将会受到更高的惩罚。最后，完成订单 o_j 对应的指派决策的奖励函数定义为：

$$R_j(S_{o_j}, a) = -TC - \eta \sum D_{w_l} \qquad (2\text{-}7)$$

其中，$a = \{a_{r_0}, \cdots, a_{r_n}\}$ 为联合指派决策。η 为衡量该项重要性的权重。本章的目标是确定机器人的联合指派策略 $\pi^* = [\pi_{r_0}^*, \cdots, \pi_{r_n}^*]$，该策略能够实现累积奖励 $\sum_{j=0}^{m} R_j(S_{o_j}^{r_i}, a_p)$ 最大，即式（2-3）定义的目标函数最小。

2.4.2　基于 IQL 的多智能体强化学习

在 RMFS 中，为应对大量承诺快速交付的电子商务订单，需要对系统内的挑拣工人、移动机器人等资源进行快速、频繁地重新分配，同时还需要应对系统运行中的多种不确定因素。相应地，挑拣员不同时间阶段的不适水平积累，目标货架位置，货物信息等状态也随之不断变化，这增加了机器人指派问题的复杂性，基于规则或程序的指派策略难以面对复杂变化的决策环境。

强化学习是一种机器学习算法，在智能体（Agent）与环境（Environment）的不断交互中学习理想策略，以实现积累奖励最大化。智能体在一个环境状态（State）下，根据行为策略执行某个动作（Action）后，环境将会转换到新的状态，同时环境会根据新的状态反馈给智能体奖励信号（Reward）。之后，智能体在与环境的不断交互中学习到使自己长期获益最大的行为，从而提升行为策略，以提高累积奖励。因此，强化学习算法是解决序列决策优化问题的有效工具之一，可以在系统状态不断变化的 RMFS 中，获得实时的机器人指派策略。

在 RMFS 的多机器人环境中，通过集中式框架学习一个理想的指派策略者是复杂的。集中式方法可能会遇到信用分配问题、样本低效问题和"维度灾难"问题[139]。特别是，在面临大规模多机器人环境时，学习难度大且算法具有较差的可扩展性。因此，在本节中，我们采用了一种基于分散式学习框架的独立 Q 学习（Independent Q-learning，IQL）多智能体强化学习方法[140]，旨在获得兼顾系统效率和工人不适水平的指派策略。算法的核心思想是采用 Q-learning[141]对每个机器人进行训练，在学习过程中将其他机器人视为环境的一部分，学习自己的指派策略。同时，考虑到机器人数量增加导致环境状态，即系统状态 S_{o_j}，维度增加，使得训练难度增大，每个机器人将根据各自状态观测 $S_{o_j}^{r_i}$，从指派行为集合 A 中选择合适的指派行为 a_p。该方法在实际应用中易于实现，计算速度快，且具有分散式的特性。

在 Q-learning 中，机器人每对状态-行为的好坏由 Q 值 $Q(S_{o_j}^{r_i}, a_p)$ 评估。其中，最优 Q 值表示对于状态 $S_{o_j}^{r_i}$ 下的所有状态-行为对，有 $Q^*(S_{o_j}^{r_i}, a_p) = \max_{a \in A} Q(S_{o_j}^{r_i}, a)$，并且满足如下 Bellman 方程：

$$Q^*(S_{o_j}^{r_i}, a_p) = E[R_{o_j+1}^{r_i} + \gamma \max_{a \in A} Q(S_{o_{j+1}}^{r_i}, a) \mid S = S_{o_j}^{r_i}, a = a_p] \tag{2-8}$$

其中，$\gamma \in [0,1]$ 是折扣因子，决定了未来奖励的重要性。当 $\gamma = 0$ 时，表示智能体只注重当前的奖励；当 $\gamma = 1$ 时，表示智能体变得更有远见，关注未来的奖励。

Q 值 $Q(S_{o_j}^{r_i}, a_p)$ 存储在一个状态-行为表中，在 Bellman 方程的基础上，可以通过采样迭代更新值函数，如式（2-9）所示：

$$Q(S_{o_j}^{r_i}, a_p) \leftarrow Q(S_{o_j}^{r_i}, a_p) + \theta_{rl}[R_{o_j+1}^{r_i} + \gamma \max_{a \in A} Q(S_{o_{j+1}}^{r_i}, a) - Q(S_{o_j}^{r_i}, a_p)] \tag{2-9}$$

其中，θ_{rl} 是学习率，决定了 $R_{o_j+1}^{r_i} + \gamma \max_{a \in A} Q(S_{o_{j+1}}^{r_i}, a)$ 和 $Q(S_{o_j}^{r_i}, a_p)$ 差值的比例，用于修正旧的 Q 值 $Q(S_{o_j}^{r_i}, a_p)$。基于更新后的 Q 值，每个状态的最佳动作为：

$$\pi^* = \arg\max Q(\mathbf{S}_t^{r_i}, a_p) \tag{2-10}$$

然而，即使我们的状态空间维数、动作的数量很少，考虑到组合的指数数量，用表格法单独计算每个状态-动作对的值函数时，必须处理由枚举机器人位置、订单信息和工作站信息的所有组合引起的"维度诅咒"问题。为了解决这一计算难题，Deep Q-learning 算法采用神经网络来逼近真实的值函数，将状态特征作为输入，并输出每个可能动作的估值[142]。定义神经网络参数为 θ，则 Q 值函数表示为 $Q(S_{o_j}^{r_i}, a_p; \theta)$。

为了保证训练过程的稳定性，引入经验回放和目标网络两种手段，以打破数据之间的关联性。经验回放是利用经验池存储机器人每一次指派决策的状态转移 $\langle S_{o_j}^{r_i}, a_p, r_{o_{j+1}}^{r_i}, S_{o_{j+1}}^{r_i} \rangle$。在训练时，从经验池中随机抽取训练批次大小为 M 的样本数据，并通过最小化损失函数 $L(\theta)$ 来训练神经网络：

$$L(\theta) = \sum_{sa=1}^{M} [R_{o_j+1}^{r_i} + \gamma \max_{a \in A} Q(\mathbf{S}_{o_{j+1}}^{r_i}, a; \theta^-) - Q(\mathbf{S}_t^{r_i}, a_p; , \theta)]^2 \qquad (2\text{-}11)$$

其中，θ^- 是目标网络的参数，目标网络周期性地复制预测网络的参数 θ，以稳定训练过程。ε-greedy 策略用于在每次指派决策时刻选择指派行为。以概率 ε 随机选择指派行为来探索状态-行为空间，以 $1-\varepsilon$ 的概率选择 Q 值最大的动作来利用过去的转移数据。通常在试验开始时，希望拥有较高的探索率，以获得更多的环境知识。而随着时间的推移，希望探索行为逐渐减少，更多地利用过去的经验数据学习。为此，探索率定义为：

$$\varepsilon = \varepsilon_{\min} + (\varepsilon_{\max} - \varepsilon_{\min})(T_{exploration} - t) / T_{exploration} \qquad (2\text{-}12)$$

其中，t 是当前步长，T 是最大探索步长。探索率从最大值 $\varepsilon_{\max}$ 到最小探索率 $\varepsilon_{\min}$ 呈线性递减。最后，表 2-1 为本章提出的面向挑拣员不适水平的机器人指派策略（Discomfort-oriented assignment policy，DOAP）学习的算法伪代码。

表 2-1　面向挑拣员不适水平的机器人指派策略伪代码

算法 1　面向不适水平的机器人指派策略
初始化回放内存 D 以保存 N 个状态转移
初始化行为值网络的权重 θ
初始化状态 S_{o_0} 和行为 A
For episode=1，Max **do**
For robot=1，n **do**
For t=1，T **do**
以概率 ε 选择行为 a_p
否则选择行为 $a_{tp} = \mathrm{argmax}_{a \in A} Q^*(S_{o_j}^{r_i}, \mathrm{a}; \theta)$
执行行为 a_p
观测奖励 $R_{o_{j+1}}^{r_i}$ 和下一状态 $S_{o_j}^{r_i}$

将状态转移 $<S_{o_j}^{r_i}, a_p, R_{o_{j+1}}^{r_i}, S_{o_{j+1}}^{r_i}>$ 存储在中 D

从 D 中随机采样最小批次的经验数据 $<S_k^{r_i}, a_p, R_{k+1}^{r_i}, S_{o_{k+1}}^{r_i}>$

If $S_k''^{r_i}$ 为最终状态

$\qquad y_j = R_{o_{k+1}}^{r_i}$

Else

$\qquad y_j = R_{o_{k+1}}^{r_i} + \gamma \max_{a \in A} \hat{Q}(S_{o_{k+1}}^{r_i}, a; \theta^-)$

利用 $(y_j - Q(S_k^{r_i}, a_p; \theta))^2$ 作为损失函数训练神经网络

$S_{o_j}^{r_i} = S_{o_{j+1}}^{r_i}$

End for

End for

End for

2.5　仿真试验

2.5.1　试验设置

为了证明本章提出的面向挑拣员不适水平的机器人指派策略的有效性，将评估不同的机器人指派策略，如随机指派策略（Random assignment policy，RAP）、最近指派策略（Nearest assignment policy，NAP）和最短队列指派策略（Shortest assignment policy，SAP）对人类不适的影响。随机指派策略为每个待指派机器人随机选择一个拣选站。该策略只是在所有工作站中随机做出选择决策，没有计算负担，并且可以直接应用于 RMFS。最近指派策略是将货架运输到最近的工作站，这需要计算每个指派行为对应的移动距离，然后选择移动距离最短的工作站。同样，最短队列指派策略在所有工作站中选择队列长度最短的工作站来完成订单检索。

仿真实验是在一个小尺寸的 RMFS 中进行，货架布局为 2×5 矩形块。由于个体差异，挑拣员 h_1 和 h_2 的处理速度分别设置为 6 件/分钟和 10 件/分钟，假设挑拣员 h_2 在订单任务开始时与挑拣员 h_1 相比，已经拥有 30 的不适

水平积累。RMFS 的其余参数列于表 2-2 中。在实验过程中，机器人进行了 1 100 次迭代学习，折扣因子设置为 0.95，探索率在 4 000 步内从 1 下降到 0.01。订单集合中包含 50 条单行订单。Q 网络中两隐含层的节点数为 64。

表 2-2　移动机器人履行系统参数

参数	值	参数	值
机器人数量 n	16	巷道宽度 w_a，w_{ca}	1 m
工作站数量 w	2	底部巷道宽 w_b	2 m
订单数量 m	50	两侧交叉过道宽度 w_s	1 m
过道数量 n_a	1	系统宽度 W	19 m
交叉过道数量 n_{ca}	2	系统长度 L	8 m
存储位置数量 N	60	货架宽度 w_{sh}	0.9 m

2.5.2　所提策略性能比较

本节将 2.4.2 节训练得到的指派策略 DOAP 与 RAP、SAP 和 NAP，在总订单完成时间（TMT）和挑拣员间的不适水平差异（Discomfort difference，DD）两方面进行比较。图 2-2 为机器人指派策略训练的收敛曲线。

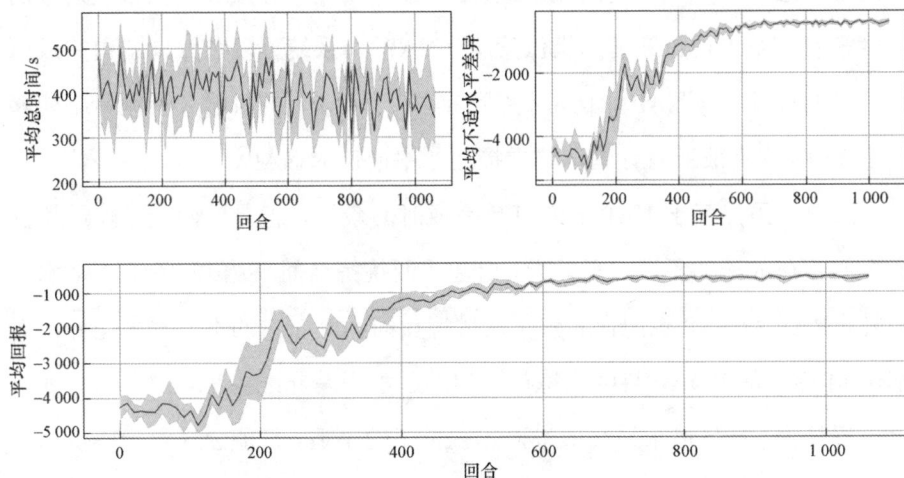

图 2-2　DOAP 收敛曲线

强化学习以累积奖励最大为目标，从图 2-2 中可以看出，算法在进行了 500 个 episodes（回合）后累积奖励，即平均回报（Average return）收敛。虽然平均总订单完成时间在一定范围内波动，但整体呈现下降趋势。同时，两挑拣员的平均不适水平差异也随着机器人指派策略学习，不断缩小。

图 2-3 表示四种指派策略在工作 10 min 后，即 t=10 min 时，完成给定订单集合的平均 TMT 和平均 DD 的比较图。

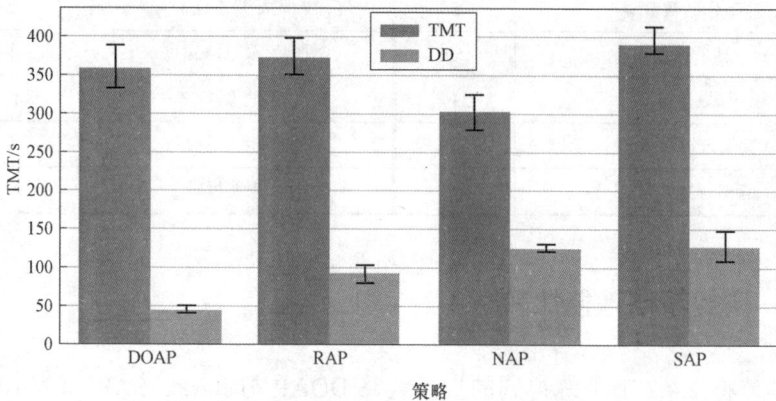

图 2-3　DOAP 和基准指派策略的比较

由图 2-3 可知，在本章所提 DOAP 下，两工作站挑拣员间的不适水平差异最小，总订单完成时间同效率最优的 NAP 相比十分接近。从系统效率的角度来看，基于最短路径的指派策略（NAP），系统可以在 311 s 内完成所有给定的订单。与 NAP 相比，本章所提基于 MARL 的机器人指派策略能够在近 350 s 内完成所有订单，非常接近效率最优的 NAP。

然而，虽然基于 NAP 的总订单完成时间最短，但导致两个工作站挑拣员之间存在显著的不适水平差异，引起了两挑拣员间高达 124.6 的不适水平差异，RAP 和 SAP 也同样导致了两挑拣员间 100 左右的不适水平差异，而基于 MARL 的 DOAP 将两挑拣员间的不适水平差异维持在 45.1。这一现象可以解释为，盲目追求系统效率而忽视员工的不适，可能会导致一些挑拣员在他们比其他人更不适的情况下，仍需要承担更多的挑拣任务。这种指派导致工作站挑拣员的不适水平存在很大差异。只有 DOAP 才能在考虑系统效率的同时实现均匀的不适水平分布。

2.5.3　灵敏性分析

本节针对 RMFS 的系统布局以及挑拣员间不同初始不适水平差异两个关键因素进行敏感性分析。对于系统布局，我们通过改变仓储内的过道和交叉过道，影响仓储的长宽比。同时，分析了机器人指派策略在挑拣员间初始不适水平差异逐渐增大的情况下的性能表现。试验结果都与其他三种传统指派策略进行比较，分别显示在图 2-4～图 2-7 中。

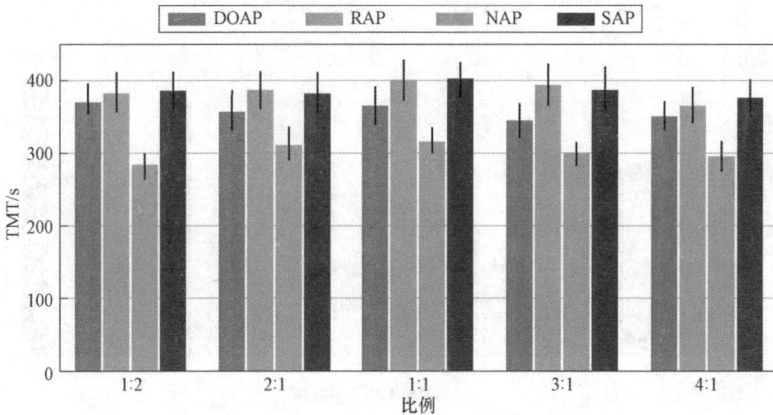

图 2-4　不同过道和交叉过道数量比例下的 TMT

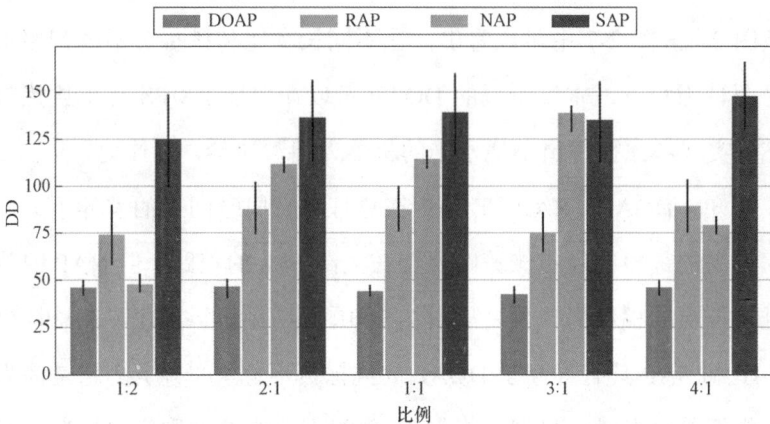

图 2-5　不同过道和交叉过道数量比例下的 DD

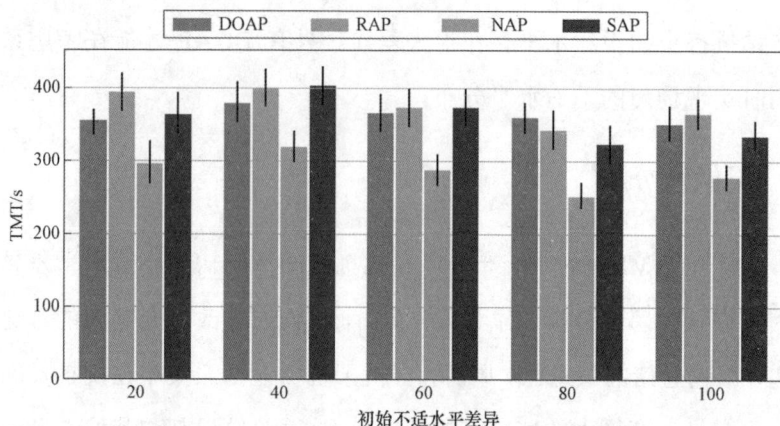

图 2-6　不同初始不适水平差异下的 TMT

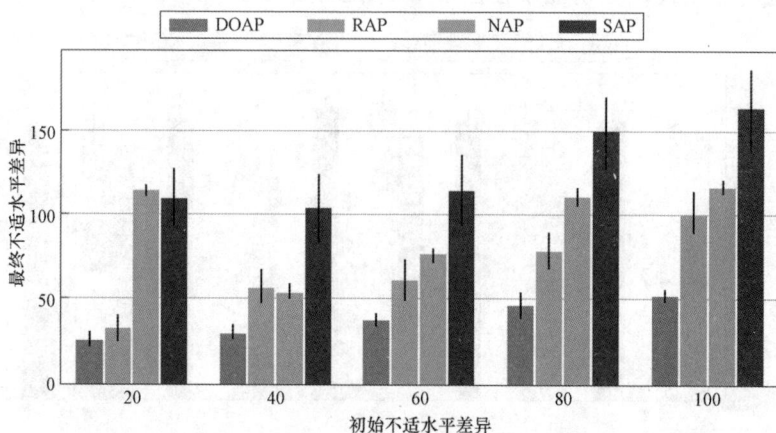

图 2-7　不同初始不适水平差异下的 DD

从图 2-4～图 2-7 中可以看出，在不同长宽比和挑拣员不同初始不适水平差异两种因素下，本章所提的 DOAP 可以在保证 RMFS 订单挑拣效率的前提下，实现考虑挑拣员不适水平的机器人指派决策。具体地，从图 2-4 和图 2-6 可知，DOAP、RAP 和 SAP 在总订单完成时间上的差异不大，且均与效率最高的最短路径指派策略保持在大约 55 s 的差距。但 NAP 的效率是以牺牲挑拣员的福祉为代价。从图 2-5 和图 2-7 中可以看出，在总订单完成后，NAP 和 SAP 具有远高于 DOAP 的挑拣员不适水平差异。这是因为两种机器人指派策略在进行机器人指派时，仅根据给定的规则完成机器人指派决策，并不能很好地"理解"挑拣员的不适水平，本章所提的 DOAP 可在兼顾系统效率的同时，基于观测到的系统状态和挑拣员不适水平，给出合理的指派决策，实现了订单挑拣任务的合理分配。

2.6 本章小结

关于物流仓储订单拣选中人为因素的考虑，在近年来引起越来越多的学者从各个角度的关注，是生产制造及物流领域新生研究热点之一。本章围绕 RMFS 协作订单拣选过程中人因约束下的移动机器人订单指派问题。首先，利用挑拣员基于 Borg CR-10 量表的不适程度的主观评估以及货物信息（位置因素和货物因素），建立不适程度等级估计模型，实现不适程度的量化分析。其次，在所建立模型的基础上，采用了一种完全分散式学习框架的多智能体强化学习方法，以挑拣员不适水平和系统效率为导向，训练得到了面向挑拣员不适水平，基于仓储机器人自主决策的指派策略。所进行的策略性能比较和敏感性分析可以得出以下结论：

（1）本章所提的面向挑拣员不适水平的机器人指派策略有效地考虑了人机协作订单拣选过程中挑拣员的不适水平，在具有不同处理速度以及不同初始不适水平下，所学习的机器人指派策略 DOAP 可以实现挑拣员间工作量的合理分配。同 RAP、NAP 和 SAP 三种在实际系统中经常采用的指派策略相比较，本章所提方法有效保证了挑拣员间不适水平的均衡性。

（2）灵敏性分析试验证明了本章所提机器人指派策略在仓储布局，不同初始不适水平累积差异两个影响因素下，相比其余三种传统基准指派策略，仍然可以实现兼顾挑拣员不适水平的机器人指派决策，具有一定的鲁棒性。

第 3 章　面向挑拣员压力水平的机器人自主指派策略学习

3.1　本章引言

本章在第 2 章基于挑拣员主观反馈建立回归模型来确定挑拣员生理状态，进行机器人指派策略研究的基础上，为了进一步提升移动机器人指派策略的现实有效性，采用基于客观生理数据的压力水平检测方法，继续研究人因约束下的机器人指派策略。

在 RMFS 订单拣选过程中，高效率的机器人作业水平加快了与之配合的工作人员的作业节奏，增大了工作站挑拣员的工作负担，在超出挑拣员承受能力之后，持续高强度的订单拣选作业会导致挑拣员压力过载，表现为挑拣员任务执行能力的降低，以及对工作强度敏感性的增加，最终，这会导致系统效率的降低，甚至可能造成严重的工作隐患及安全问题。在挑拣员方面，压力累积除影响仓储工人自身作业水平的发挥以外，长时间暴露在压力环境中还会损害仓储工人的身体健康。因此，面向挑拣员客观生理压力水平进行机器人指派策略研究，对优化订单拣选过程研究至关重要。人体生理指标作为工作人员压力水平的最直接、准确、客观的反馈，是识别挑拣员压力的最佳评估途径。

随着可穿戴技术、无线通信技术及数据处理方法的发展，生理状态检测设备的有效性、可靠性以及时效性得以大幅提升。本章将基于可穿戴设备的生理状态检测方法，在不中断挑拣员工作的情况下，实现对压力状态的在线检测。同时，本章将采用集中式训练分散式执行架构下的多智能体强化学习算法，使得仓储机器人学习理解挑拣员的生理状态信号以及环境知识，最终获得基于仓储机器人自主决策的面向挑拣员压力水平的机器人指派策略。最后，本章将对所学策略与基准指派策略进行比较并进行敏感性分析，以从中得出策略的一般性结论。

3.2　问题描述

本章将在兼顾挑拣员压力状态及系统效率的前提下，继续讨论机器人指派问题。图 3-1 为 RMFS 中基于挑拣员生理信号的机器人指派问题示例。如图 3-1 所示，在工作站区域挑拣员配备无线可穿戴传感器设备（可穿戴式眼动仪），用于对挑拣员生理信号进行实时采集，在存储区域待指派的机器人基于接收到的无线信号做出指派决策。

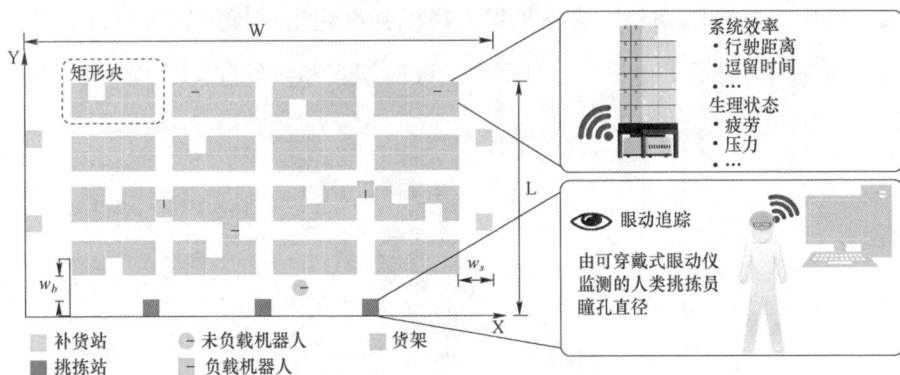

图 3-1　RMFS 的布局说明了基于传感器数据的机器人分配问题

在本章的机器人指派问题的研究中，系统仍然满足假设 2.1。机器人队列 $R = \{r_i \mid i = 0, \cdots, n\}$，将按订单集合 $O = \{o_j \mid j = 0, \cdots, m\}$ 的给定顺序，在指派策略下完成货架搬运任务，并由仓储内所有挑拣员 $HP = \{h_p \mid p = 1, \cdots, w\}$，分别以不同的处理速度 T_{h_p} 完成货物拣选。

在本章的研究场景中，机器人的旅行时间和在工作站的停留时间是影响指派决策的两个主要限制条件。首先，由于货架存储位置到各个工作站的搬运距离不同，导致机器人在不同指派决策下的旅行时间存在差异。其次，受挑拣员自身特征、生理和心理状态差异影响，工作站挑拣员的作业效率具有较大的不确定性，可能导致机器人在工作站停留时间过长，甚至对系统正常运行产生明显的影响。在这种情况下，人因状态的识别成为系统效率突破的关键所在。

在 RMFS 中，长时间持续性配合移动机器人高节奏作业的货物挑拣动作，会给挑拣员带来较大的心理压力与生理疲劳。其中，生理疲劳表现为执行任务的能力降低，是体力消耗的函数[143]。在订单拣选任务环境下，挑拣员疲劳累积是由于工作站区域的重复性体力、脑力任务，例如，识别、拣选及搬运重量不同的物品，在工作站内走动和包装货物等，导致的挑拣员货物拣选性能的下降和反应时间的增加。随着挑拣员疲劳程度的变动，机器人指派策略应进行实时调整，避免机器人指派强度超出挑拣员当前能力承受范围。图3-2 说明了工作和休息过程中的疲劳积累和恢复过程[143]。

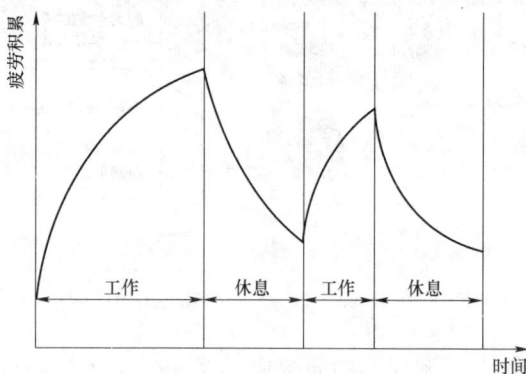

图3-2 工作和休息过程中的疲劳恢复过程曲线

压力的定义是，当个体的需求发生变化时，由于资源不足或需求和动机没有得到满足，而产生的身体和精神层面的非特异性反应，并会影响人体神经系统[144]。在仓储工作站环境中，长时间持续性工作、突发事件或货架等待超出了挑拣员的处理能力等情况都会造成挑拣员压力过载。与疲劳类似，压力也会影响挑拣员工作效率，甚至身体健康。压力和效率之间的关系遵循 Yerkes-Dodson 定律，是一个倒 U 型函数，如图 3-3 所示[145,146]。压力曲线表明，操作者在作业过程中存在一个最佳压力水平，该水平下可保证人员最佳表现，高于或低于最佳压力水平将分别导致挑拣员缺乏工作积极性或产生焦虑，两者都会进一步降低员工的作业绩效，增大不适感[7]。因此，在适度压力范围内开展工作才能实现理想的系统效率和员工福祉。

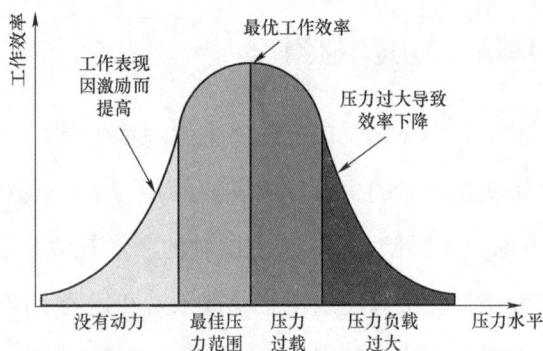

图 3-3　压力水平与人类表现之间的关系

综上，本章的研究目标为开发一种基于挑拣员压力水平的机器人指派策略，支持机器人实时指派给不同处理效率、压力水平的挑拣员，以保证系统效率的同时，最小化所有挑拣员的总压力持续时间（Total stress time，TST）。本章主要考虑的是小订单集合下的指派策略研究，生理压力对挑拣员作业效率的影响占主导因素。为符合实际拣选情况，本章在研究分析中将疲劳作为影响因素考虑，但不基于挑拣员的疲劳状态设计指派策略。关于长时间订单拣选作业下，基于疲劳状态对挑拣员效率影响的指派策略研究将在下一章中讨论。

定义当前指派决策时刻距上一决策时刻的时间间隔为 T_{int}，其间所有工作站挑拣员的总压力持续时间为 T_{stress}，则可以建立如下目标函数：

$$J(\pi^*) = \min_{\pi \in \Pi} \{ \sum\nolimits_{o_j=0}^m (T_{int} + \rho \sum\nolimits_{p=1}^w T_{stress}^{h_p}) \} \qquad (3\text{-}1)$$

其中， ρ 是总压力持续时间的权重参数，由仓储管理者决定。

3.3　挑拣员生理模型

在进行机器人指派决策时，为能够实时获得挑拣员准确的压力状态，本章将采用基于瞳孔直径（Pupil diameter，PD）信号的实时压力检测方法，根据疲劳、压力的作用原理，开发人体模型来生成生理信号。

3.3.1　基于生理信号的压力检测

生理信号被定义为由个体生理过程产生的测量值[147]。生理信号在不同应激源刺激下产生变化背后的生理反应机制，为压力检测提供了两种主要途径[144]。第一种方法与下丘脑-垂体-肾上腺轴的激活有关，应激事件导致下丘脑和垂体依次分泌促肾上腺皮质激素释放激素和促肾上腺皮质激素。促肾上腺皮质激素刺激肾上腺皮质分泌皮质醇，皮质醇被认为是可靠和客观的压力指标。然而，由于皮质醇水平测量，通常需要使用唾液皮质醇，在实际订单拣选工作中，不得不中断挑拣员的工作，进而会造成采集数据与实际工作中挑拣员数据的偏差，且唾液皮质醇样品测试分析通常需要在实验室进行，为研究工作带来较多不便。因此，唾液皮质醇水平测量不适合作为在订单拣选活动期间进行连续压力检测的监测手段。第二种方式与自主神经系统对压力反应的激活有关，具体表现在交感神经系统激活的同时对副交感神经系统的抑制。自主神经系统激活后，人的肌体会产生快速反应，主要表现为心率、心率变异性、血压、皮肤温度、瞳孔直径等生理特征的变化，在人因工程相关研究中，这些生理指标也被认为是衡量人体压力水平的高可靠性客观指标。

考虑到心率、心率变异性、血压、皮肤温度、瞳孔直径等生理数据采集手段对挑拣员的干扰性,本研究通过穿戴式眼动仪以非侵入方式采集瞳孔直径信号进行监测和处理,以区分工人压力和放松状态。通过穿戴式眼动仪采集挑拣员眼动数据信号,并传输到工作站配备的计算机上,进行挑拣员生理压力水平的评估。研究表明,当压力产生时,PD 有增加的趋势,相反,PD 保持较小的数值[148]。借助瞳孔直径的变化,我们能够实时检测挑拣员在工作中的压力状态。

本研究采用的方法参考了 Ren 等[149]提出的在线压力检测方法。具体来说,首先通过在信号原始尺度上设置硬阈值 Th_{blink},来消除预处理原始 PD 信号中眼睛眨眼造成的影响;然后在原始 PD 信号上,利用滑动平均法塑造固定时间间隔的代表点 PD_r,这里采用 60 个样本在 1s 内的均值;最后根据以下三个子步骤来区分放松和压力状态。

步骤 1——准备:计算每个挑拣员处于静止状态下,一定时间内 PD_r 的平均值,并作为每个个体的参考基线 PD_{ref}。借助 PD_{ref} 可以进一步定义两个阈值 $Th_{relaxation}$ 和 Th_{stress},分别表示"休息"期间 PD_r 信号幅度波动的上限和"压力"期间 PD_r 信号幅度波动的下限。

步骤 2——权重更新:从当前的 PD_r 信号中提取三个在压力检测中具有不同重要性的特征。如果满足某一特征的判据,则根据相应的更新算法更新压力权重 W_{stress} 或放松权重 $W_{relaxation}$。

步骤 3——状态确定:根据以下规则确定压力或放松状态:

● 从"放松"到"压力":如果 $W_{stress} \geq 4$,并且之前的 PD_r 被检测为"放松"状态;

● 从"压力"到"放松":如果 $W_{relaxation} \geq 4$,并且之前的 PD_r 被检测为"压力"状态;

● 保持原来的状态。

上述信号处理步骤可以由工作站的计算机完成,并将检测结果传送给仓储机器人，其中 $HI_p = 0$ 代表放松状态， $HI_p = 1$ 代表压力状态。

注释：在第 2 章中建立的不适程度估计模型，可以简单有效地反映每个挑拣任务导致的不适水平变化。不适程度是挑拣员对生理状态的主观判断，是反映挑拣员身体与心理不适的综合概念。本章则更具针对性地研究挑拣任务中挑拣员经常面临的压力过载问题，设计机器人指派策略。考虑到压力产生的复杂性，以及在某些情况下，挑拣员可能无法及时准确地给出自身当前压力水平。为此，本章采用了基于客观生理数据的压力检测方法，实现实时准确有效的压力检测。

3.3.2 挑拣员疲劳 – 压力生理模型

压力是多种因素复杂作用的结果，为根据挑拣员生理信号做出移动机器人指派决策，我们开发了一个人体模型来模拟在真实的 RMFS 中，由于压力和疲劳引起的挑拣员作业效率的动态变化。

首先给出关于疲劳和压力的假设：

假设 3.1 拣选活动中，压力源主要来自工作站的任务数量。当工作站未处理的货架数量超过挑拣员当前作业效率时，挑拣员进入压力过载状态。

假设 3.2 疲劳和压力对挑拣员作业效率的影响是相互独立的。

基于 Jaber 等和 Calzavara 等的模型，疲劳积累建立为时间的指数函数，即疲劳随时间呈指数增长[143,150]。本章使用如下指数函数来描述由于疲劳导致的拣选效率下降。

$$v_{fatigue}(t) = v_{max} e^{-\lambda_f t} \tag{3-2}$$

其中， v_{max} 表示挑拣员的最大处理速度， λ_f 表示性能下降的速率。此外，挑拣员的效率也与压力水平有关。根据假设 3.1，挑拣员作业效率受压力影响而降低的百分比定义为：

$$\phi = c_0 \cdot e^{-c_2 x^2 / 2c_3^2} + c_1 \tag{3-3}$$

其中， $c_0 - c_3$ 常量参数，且 $c_0 + c_1 = 1$ 。 x_{sh} 为当前处理速度与工作站未处

理货架数量之差的绝对值。根据假设 3.2，挑拣员效率模型可以表述为：

$$v_p = v_{fatigue} \bullet \phi \tag{3-4}$$

考虑到个体间的差异性，不同挑拣员模型中的参数可能不同，并会影响效率变化的趋势。因此，将式（3-4）中的参数改写为 $v_{max}^{h_p}$、$c_0^{h_p}$、$c_1^{h_p}$、$c_2^{h_p}$、$c_3^{h_p}$、和 $\lambda_f^{h_p}$ 来表明个体差异。同时，由式（3-4）可知，随着作业效率降低，挑拣员对未处理货架的数量会更加敏感，也越容易产生心理压力。

注释：在实际订单拣选活动中，挑拣员压力的产生具有较强的不确定性，主要受当前工作负载，挑拣员心理状态及身体状态等因素的影响。因此，在所建立的挑拣员疲劳－压力生理模型中，通过当前待处理的货架数量反映工作负载，并利用参数 $c_0^{h_p}$-$c_3^{h_p}$ 反映个体差异以及同一挑拣员不同情况下的生理状态。同时，在实际工作中，疲劳会导致挑拣员作业效率下降，当工作负载超出当前作业效率时，压力产生。可见，疲劳是压力产生的诱因，但并不是压力产生的决定因素。综上所述，假设 3.1 和假设 3.2 具有合理性。此外，本章的主要目的是基于 PD 信号所检测的挑拣员压力状态，确定机器人指派策略。挑拣员疲劳－压力生理模型主要用于产生挑拣员压力状态检测结果，而检测结果对机器人指派策略设计方法的有效性不产生影响。

3.4　机器人指派策略学习

3.4.1　系统表示

本小节将机器人指派问题建模为分散式部分可观测马尔可夫决策模型（Dec-POMDP），其中所有机器人遵循联合策略 $\pi = [\pi_1, \cdots, \pi_n]$, $\pi_i \in \Pi$，做出指派决策，以服务于订单集合 O。

同上一章研究的指派情景相同，考虑停留在驻地的机器人 r_i 收到位于位置 P_{o_j} 的货架搬运任务，之后从指派决策集合 A 中选择合适的工作站完成拣选任务。并且，相邻两指派策略的时间间隔为 T_{int}。然而，与上一章系统状态定义不同，本章指派策略学习基于由机器人状态集合、工作站信息集合以及挑拣员生理状态组成的系统状态。

每个机器人状态定义为 $RS_{r_i}^{o_j} = \{P_{r_i}^{o_j}, P_{r_i}^{o_j}, b\}$，其中 P_{r_i} 是机器人当前位置，通过扫描仓库地面上的条形码观察得到。二进制变量 b 用于指示任务状态。如果机器人正在处理当前订单任务，$b=0$，否则 $b=1$。同时，机器人还会观察所有工作站的信息以帮助机器人评估各个工作站当前的工作情况。每个工作站记录在过去的时间间隔 T_{int} 内完成的订单个数 N_{comp}，作为工人工作强度的体现。并且，当前工作站的队列长度 N_{que} 以及正在运往该工作站的机器人个数 N_{tran}，分别反映了该工作站的实际工作负载以及潜在的工作量。这样，每个工作站信息集合定义为 $WI_p^{o_j} = \{N_{comp}^{o_j}, N_{que}^{o_j}, N_{tran}^{o_j}\}$，工作站信息集合为 $WI_{o_j} = \{WI_0^{o_j}, \cdots, WI_w^{o_j}\}$。根据 3.3.1 节的检测结果，可得每个挑拣员的生理状态为 HI_p，并有生理状态集合 $HI_{o_j} = \{HI_0^{o_j}, \cdots, HI_w^{o_j}\}$。基于所需向量，在进行订单 o_j 对应货架的搬运时，系统状态定义为 $S_{o_j} = \{RS_{o_j}, WI_{o_j}, HI_{o_j}\}$，其中 $RS_{o_j} = \{RS_0^{o_j}, \cdots, RS_n^{o_j}\}$。

每个机器人根据当前自己的观测 $S_{r_i}^{o_j} = \{RS_{r_i}^{o_j}, WI_{o_j}, HI_{o_j}\}$ 做出指派决策 a_p，形成联合动作 $a = \{a_0, \cdots, a_n\}$，并会对总订单完成时间和完成该拣选任务挑拣员的压力水平产生影响。根据目标函数式（3-1），可以定义联合策略下的奖励函数为：

$$R_{o_j}(S_{o_j}, a) = -T_{interval} - \beta T_{stress} \tag{3-5}$$

其中，β 为用于评估该项目重要性的权重。

3.4.2 基于 VDN 的多智能体强化学习

在本节中，采用了针对移动机器人指派问题的多智能体强化学习方法，旨在获得一种理想人机协作状态下的兼顾系统效率和挑拣员压力水平的机器人指派策略。在 RMFS 中，多机器人环境中的策略学习本质上是复杂的。

第 2 章采用了分散式的多智能体学习方法，即 IQL 方法，并获得了较好的指派策略。但在本章的研究场景下，受挑拣员作业效率不确定性的影响，学习环境更加复杂，而 IQL 方法在单个机器人观测环境时，由于队友的指派策略发生变化导致环境动态改变，面临非平稳学习环境。因此，本章我们采用了 VDN 算法来解决指派问题，VDN 是一个集中式训练和分散式执行（Centralized training and decentralized execution）框架[150,152]，允许策略使用其他代理的局部信息进行训练，并且只通过个体的观察来执行每个机器人的动作[139]。图 3-4 为 VDN 的整体架构。

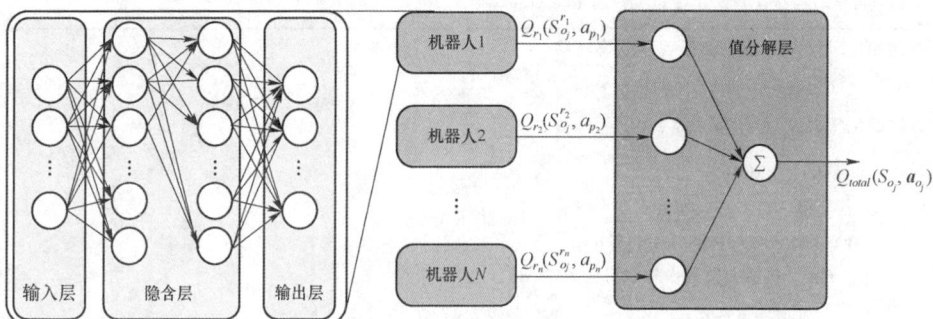

图 3-4　VDN 的整体架构

如图 3-4 所示，同第 2 章的 IQL 方法一样，每个机器人由一个 agent（智能体）代表，并用神经网络近似表示每个状态-行为对的 Q 值 $Q_{r_i}(S^{r_i}_{o_j}, a_p; \theta^{r_i})$，其中 $S^{r_i}_{o_j}$ 为机器人 r_i 的状态观测，a_p 为指派决策。本章所用 VDN 算法，将所有机器人的联合行为值函数 Q_{total} 表示为仅基于每个机器人观察和行为的个体机器人值函数 Q_{r_i} 的线性组合，即

$$Q_{total}(S_{o_j}, a_{o_j}) = \sum_{i=0}^{n} Q_{r_i}(S^{r_i}_{o_j}, a_p; \theta^{r_i}) \tag{3-6}$$

其中，S_{o_j} 为指派载有订单 o_j 对应货架的机器人时的系统状态，a_{o_j} 为所有机器人决策行为组成的联合行为。严格来讲，$Q_{r_i}(S^{r_i}_{o_j}, a_p; \theta^{r_i})$ 是一个效用函数，而不是一个值函数，因为 $Q_{r_i}(S^{r_i}_{o_j}, a_p; \theta^{r_i})$ 本身并不估算预期回报。

策略学习过程与第 2 章的 Deep Q-learning 训练方法类似，同样采用经验回放和目标网络来稳定学习过程。并且，具有相似的损失函数：

$$L(\theta) = \sum_{sa=1}^{M} [R_{sa} + \gamma \max_{a' \in A} Q_{total}^{sa}(S_{o_{j+1}}, a_{o_{j+1}}) - Q_{total}(S_{o_j}, a_{o_j})]^2 \qquad (3\text{-}7)$$

其中，θ^- 是目标网络的参数，目标网络定期复制预测网络的参数 θ 以稳定训练过程。M 为样本批次大小。表 3-1 给出了所提出的面向挑拣员压力水平的机器人指派策略（Stress-oriented assignment policy，SOAP）学习的 VDN 算法的伪代码。

表 3-1　面向挑拣员压力水平的机器人指派策略伪代码

算法 1　面向挑拣员压力水平的机器人指派策略

初始化回放内存 D 以保存 N 个状态转移

初始化行为值网络和 VDN 的权重 θ

初始化状态 S_{o_0} 和行为 A，令 $N_{\text{timestep}} \leftarrow 0$

For episode=1，M **do**

　　重置环境

　　For t=1 to max episode length T **do**

　　　　For　机器人群集中每个机器人 j　**do**

　　　　　　以概率 ε 选择行为 a_p

　　　　　　否则选择行为 $a_p = \text{argmax}_{a_p \in A} Q^*(S_{o_j}^{r_i}, a_p; \theta)$

　　　　　　执行行为 n_t，并且观测奖励 $R_{t+1}^{r_i}$ 和下一状态 $\mathbf{S}_t^{r_i}$

　　　　　　将状态转移 $< \mathbf{S}_t^{r_i}, n_t, R_{t+1}^{r_i}, \mathbf{S}_t^{r_i} >$ 存储在中 D

　　　　　$N_{\text{timestep}} = N_{\text{timestep}} + 1$

　　　　　If　$N_{\text{timestep}} = N_{\text{traincycle}}$

　　　　　　　从 D 中随机采样最小批次数为 B 的经验数据

　　　　　　For b=1 to B do

　　　　　　　　对每个机器人 j 计算 $Q_{r_j}^{eva}$

　　　　　　　If　$\mathbf{S}_k^{r_j}$ 为最终状态

　　　　　　　　$y_j = R_k$

　　　　　　Else

　　　　　　　　$y_j = R_{k+1}^{r_j} + \gamma \max_{n' \in A} \hat{Q}(\mathbf{S}_k^{r_j}, n'; \theta^-)$

　　　　　　End for

　　　　　　利用 $L(\theta)$ 作为损失函数更新神经网络参数 θ

　　　　End for

　　End for

End for

3.5　仿真试验

本节将对所提面向挑拣员压力水平的机器人指派策略性能进行试验评估。确定仿真试验中的 RMFS 参数和 VDN 算法参数,将所提算法其与不同的基准指派策略进行比较,并进行敏感性分析。

3.5.1　实验设置

本章所研究 RMFS 采用类似图 3-1 的布局。仿真实验将在长 8 m、宽 19 m 的小型 RMFS 中进行。RMFS 的存储区中有 1 条横向通道、2 条交叉通道并部署了 16 个机器人,存储区中的所有存储位置都组织为 5×2 矩形块。需要完成的单行订单数量为 50 个。所有订单将在位于系统底部的两个工作站完成。两个挑拣员的最大处理速度分别为 8 件/分钟和 7 件/分钟。系统其余参数与表 2-1 相同。

经过试错之后,我们为 VDN 算法设置如下参数值。机器人 agent 由神经网络表示,输入层和输出层分别对应状态空间维度和动作空间维度,中间由两个完全连通的线性隐含层组成,每层有 128 个隐藏节点。通过 2 000 个 episodes 训练网络,每个 episode 都以完成所有订单搬运任务作为结束。式(3-7)中的折扣因子 γ 设置为 0.95,网络中参数的权重由 Adam 优化器更新,学习率 θ 设置为 10^{-6}。训练批次的大小为 512,ε-greedy 策略的探索率在 80 000 个步长内从 1 线性衰减到 0.01。此外,在训练过程中每 4 000 个步长后,我们将利用 10 个随机 episodes 的平均回报、平均总完成时间和平均总压力持续时间来评估学习策略。

算法代码在 Windows 10 操作系统下,采用 python 3.7.7(Pycharm 社区)编写,并在配备 Intel Core i5-8300H 2.3 GHz CPU、16 G RAM 和 NVIDIA GeForce GTX 1060 的 x64 电脑上运行。

3.5.2 所提策略性能比较

本节针对总订单完成时间（TMT）和所有员工总压力持续时间（TST），将上一小节训练得到的指派策略与其余三种在实际中经常采用的传统基准指派策略进行比较。三个基准策略分别是：随机指派策略（RAP）、最近指派策略（NAP）和最短队列指派策略（SAP）。图 3-5 为基于 VDN 的机器人指派策略训练的收敛曲线。

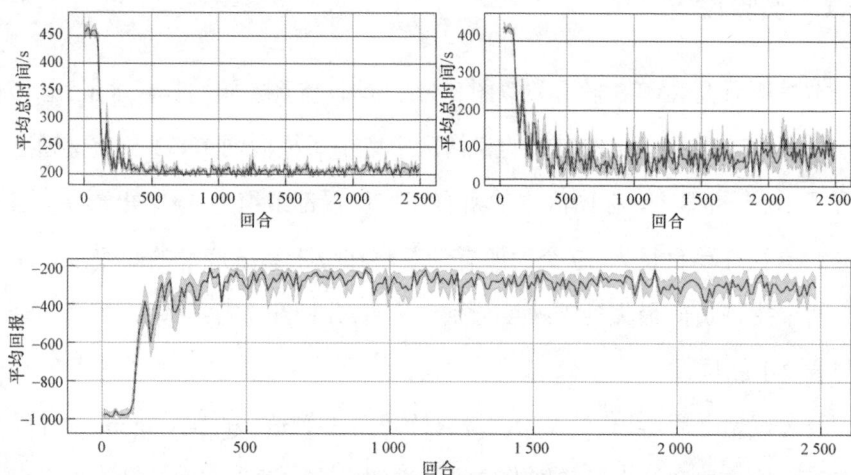

图 3-5　VDN 算法收敛曲线

图 3-6 表示所有指派策略在 t=10 min 时，完成给定订单集合的平均 TMT 和平均 TST。

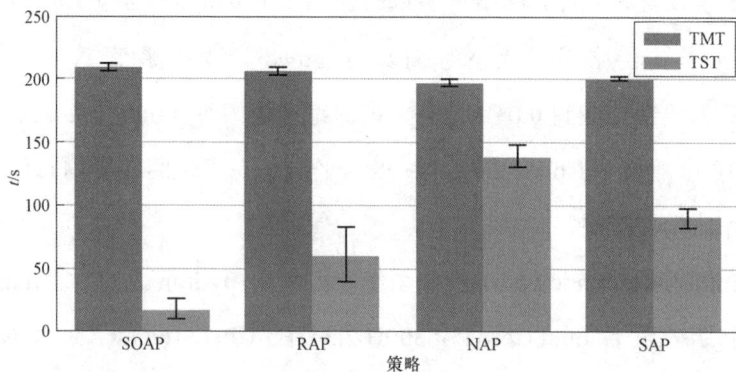

图 3-6　t=10 min 时所有策略的性能比较

图 3-6 表明所提指派策略极大地减轻了挑拣员在工作中的压力持续时间，而不会过度牺牲系统效率。具体而言，在所有指派策略中，NAP 和 SAP 都可以实现较高的效率，平均 TMT 分别为 196 s 和 201 s。尽管如此，SOAP 和 RAP 也可以在 210 s 左右完成所有的订单任务。所有策略在系统效率上几乎没有差别。这一现象可以解释为，挑拣员在开始工作时可以保持较高的工作效率，疲劳和压力对效率没有显著影响。并且，当挑拣员的处理速度差别不大时，不同策略下的系统效率差别不大。而且，就平均 TST 而言，所提出的 SOAP 总是表现最好。而其他基准策略，特别是 NAP 和 SAP，总压力时间明显升高，这是由于传统指派策略在决策时，没有考虑挑拣员的生理状态导致。具体而言，与 RAP、NAP 和 SAP 相比，所提的 SOAP 分别在平均 TST 上降低了 72%、88% 和 81%。

图 3-7 描述了在一个工作日中，不同时刻下，完成一组给定订单的平均 TMT 和 TST 的变化情况。从图 3-7 可以看出，由于挑拣员的疲劳积累，各个策略下系统的效率都随着工作时间的增加而逐渐降低。在所有策略中，SAP 总是比其他策略在系统效率方面表现得更好。虽然 SOAP 不如 SAP 高效，但两种方法在系统效率上没有显著差异。与 SAP 相比，RAP 和 NAP 在 3.5 h 之前的系统效率差距不明显，但在 3.5 h 之后，尤其是 NAP，效率

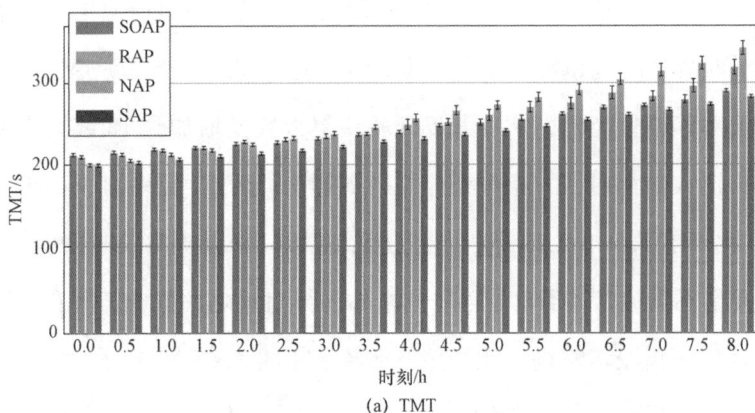

(a) TMT

图 3-7　一个工作日内不同时刻所有策略下的平均 TMT 和 TST

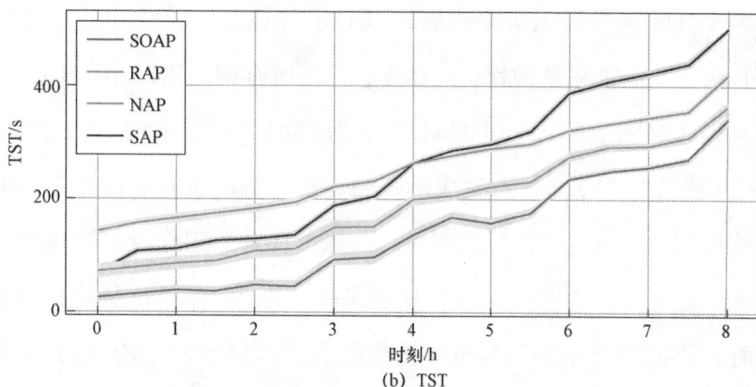

(b) TST

图 3-7　一个工作日内不同时刻所有策略下的平均 TMT 和 TST（续）

会有明显的下降。这是因为这两个策略在做决策时都没有考虑挑拣员的压力状态，那么处于压力状态下的员工，其作业效率会进一步恶化。从图 3-7 的总压力持续时间变化曲线中可以看出，与传统指派策略相比，SOAP 始终可以确保最小的总压力持续时间。并且，本章所提的 SOAP 在 8 h 工作时间内效率降低最小，这意味着疲劳和压力对策略的影响并不显著。

3.5.3　灵敏性分析

本节针对 RMFS 的布局、机器人数量、订单集合的大小和个体特征这四个关键因素进行敏感性分析。对于系统布局，我们将策略应用到两个系统中，分别为两个通道和两个交叉通道、两个通道和三个交叉通道，以研究长度和宽度对策略性能的影响。我们还将机器人数量增加到 18 或减少到 13，以研究机器人数量对四种指派策略性能的影响。此外，还针对不同大小的订单集合（分别为 $n = 100$ 或 $n = 30$）进行了实验，来分析对策略性能的影响。最后，设定不同疲劳参数 λ，以研究个体差异对策略的影响。所有结果都与其他三种传统指派策略进行比较，分别显示在图 3-8～图 3-15 中。同时，我们使用 TMT 相对变异率 RVR_{TMT}，表示在一个工作日内因疲劳和压力导致效率下降的百分比。定义为：

$$\mathrm{RVR}_{\mathrm{TMT}} = \frac{\mathrm{TMT}_{t=8h}^{benchmark} - \mathrm{TMT}_{t=0h}^{benchmark}}{\mathrm{TMT}_{t=8h}^{SOAP} - \mathrm{TMT}_{t=0h}^{SOAP}} \qquad （3-8）$$

类似地，RVR_{TST} 用于表示一天中挑拣员总压力持续时间的增加。运行结果总结在表 3-2～表 3-5 中。

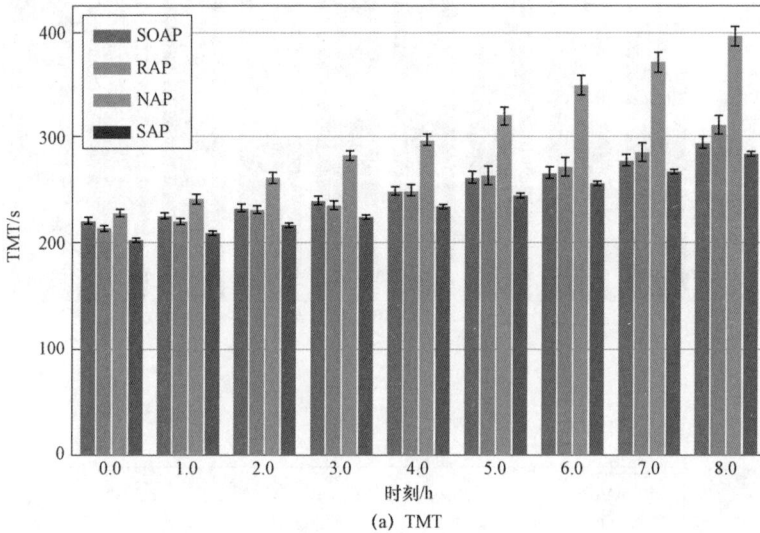

(a) TMT

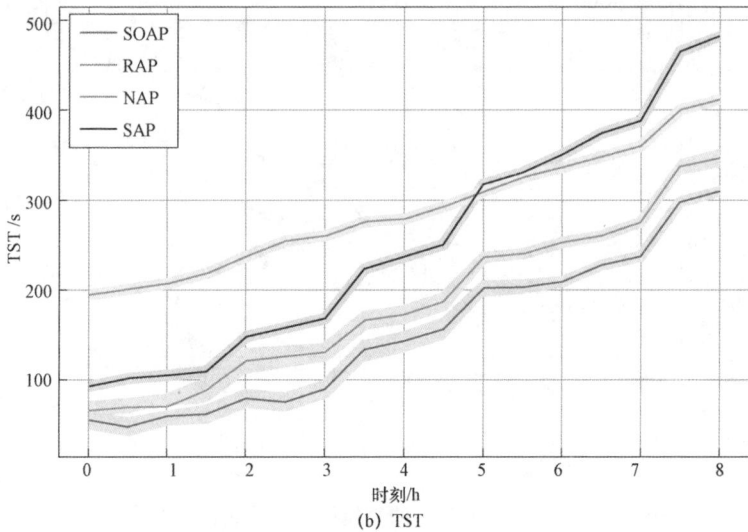

(b) TST

图 3-8　$n_a \times n_{ca} = 2 \times 2$ 时的政策敏感性分析：TMT；TST

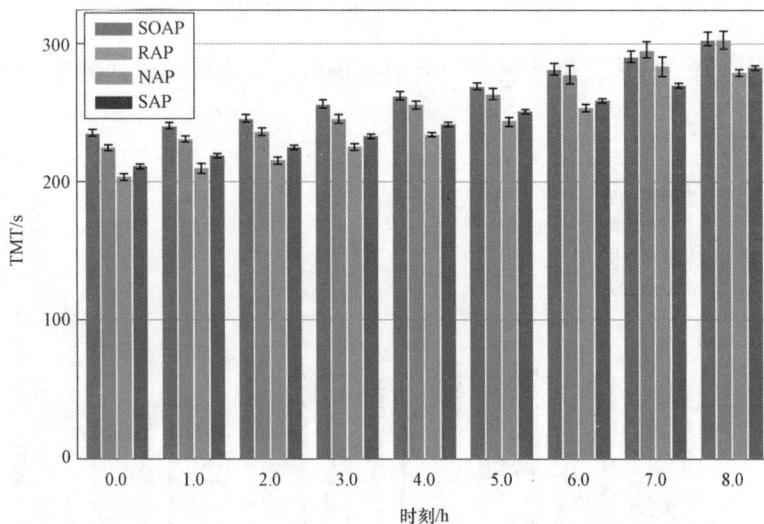

(a) TMT

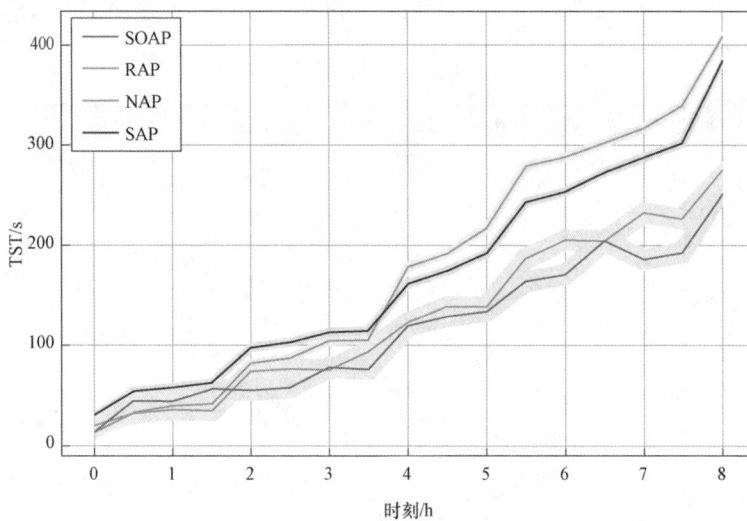

(b) TST

图 3-9 $n_a \times n_{ca} = 2 \times 3$ 时的政策敏感性分析：TMT；TST

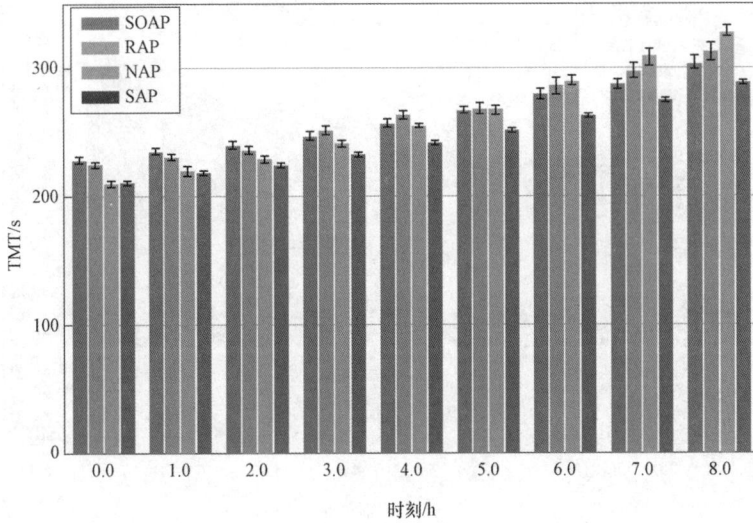

(a) TMT

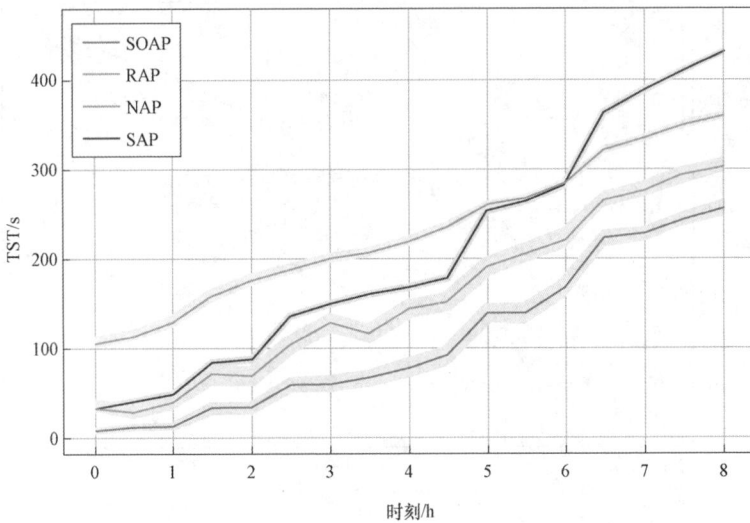

(b) TST

图 3-10　机器人车队规模 $n=14$ 时的政策敏感性分析：TMT；TST

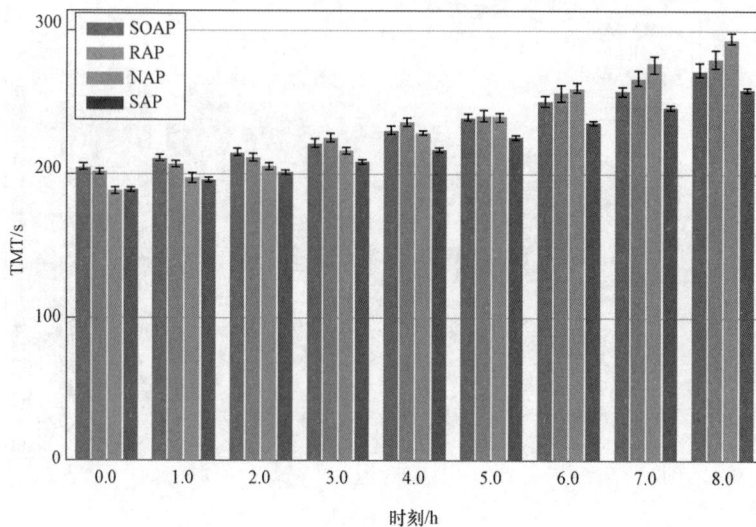

(a) TMT

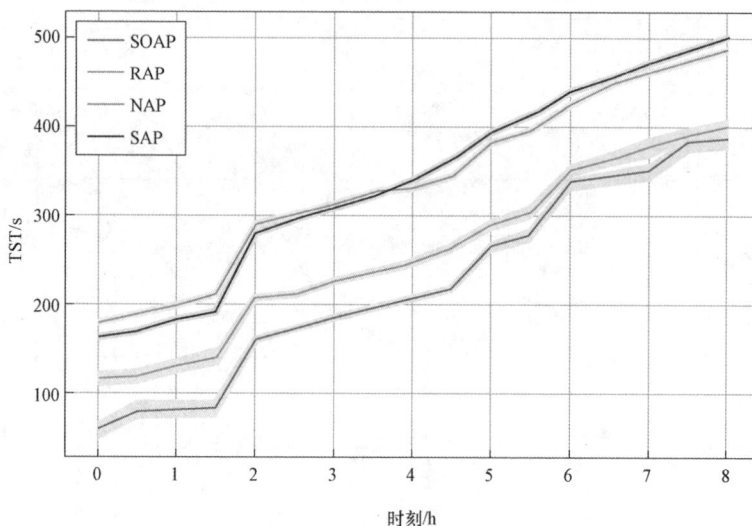

(b) TST

图 3-11　机器人车队规模 $n=18$ 时的政策敏感性分析：TMT；TST

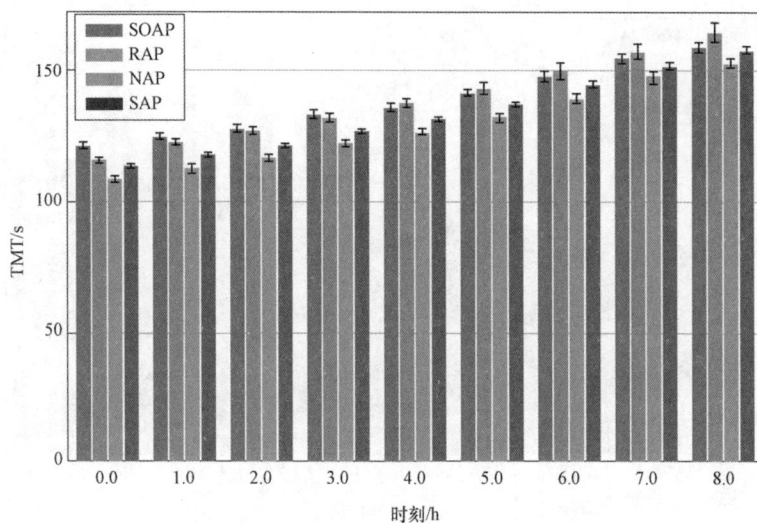

(a) TMT

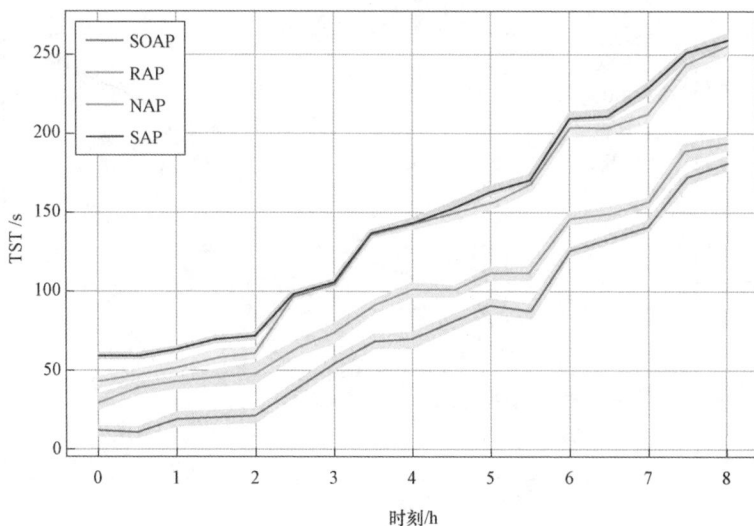

(b) TST

图 3-12　订单大小 $m = 30$ 时的政策敏感性分析：TMT；TST

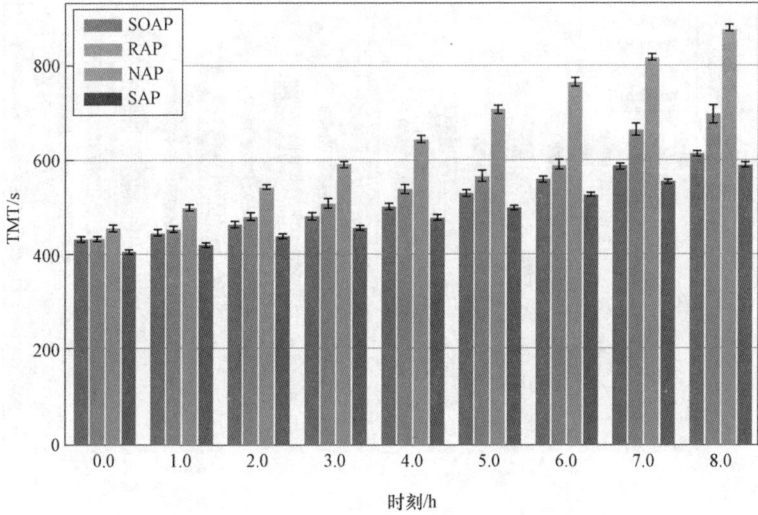

(a) TMT

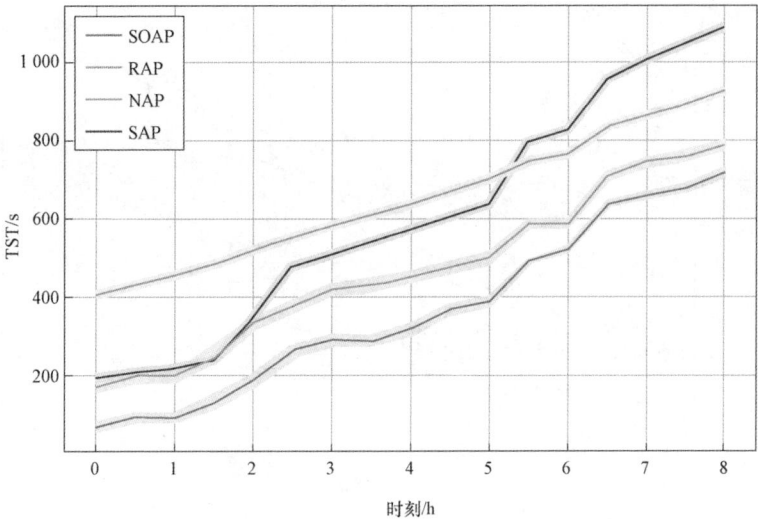

(b) TST

图 3-13　订单大小 $m=100$ 时的政策敏感性分析：TMT；TST

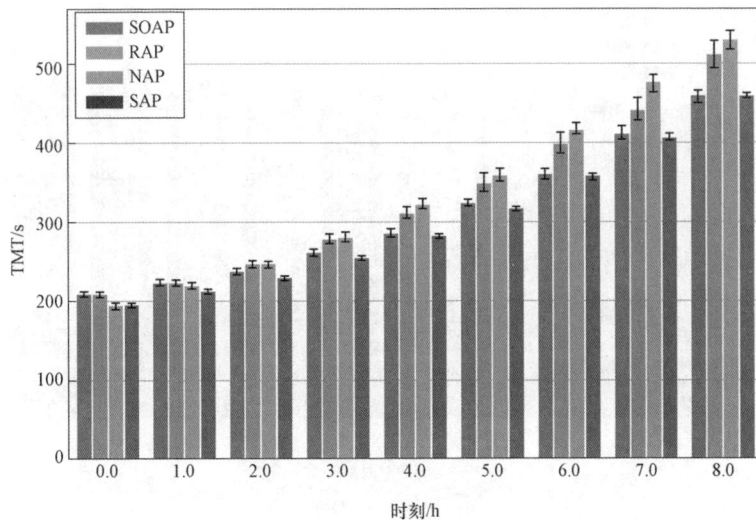

(a) TMT

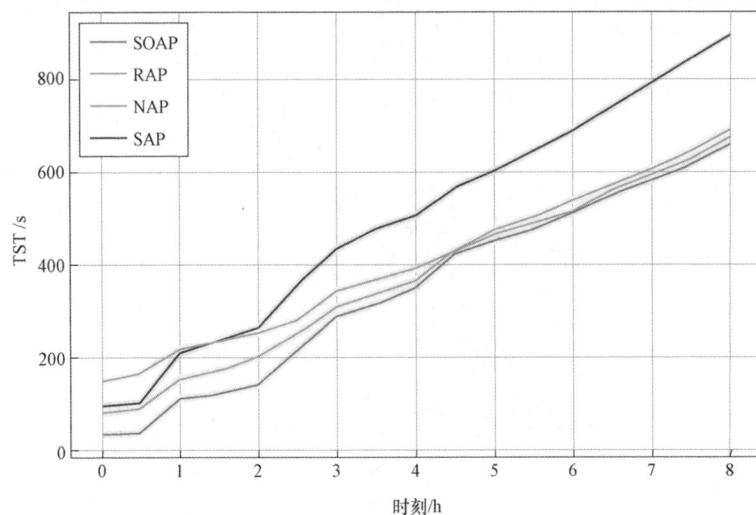

(b) TST

图 3-14　疲劳常数 γ_0 和 γ_1 分别为 2.51e-5 和 3.06e-5 时的
策略敏感性分析：TMT；TST

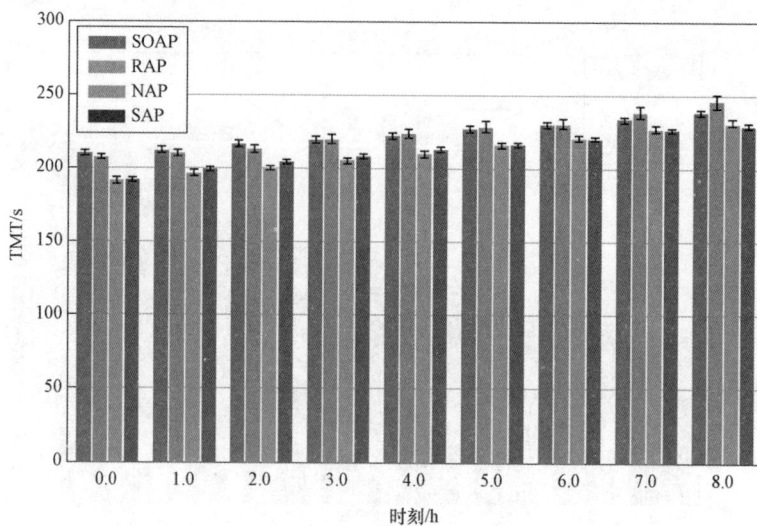

(a) TMT

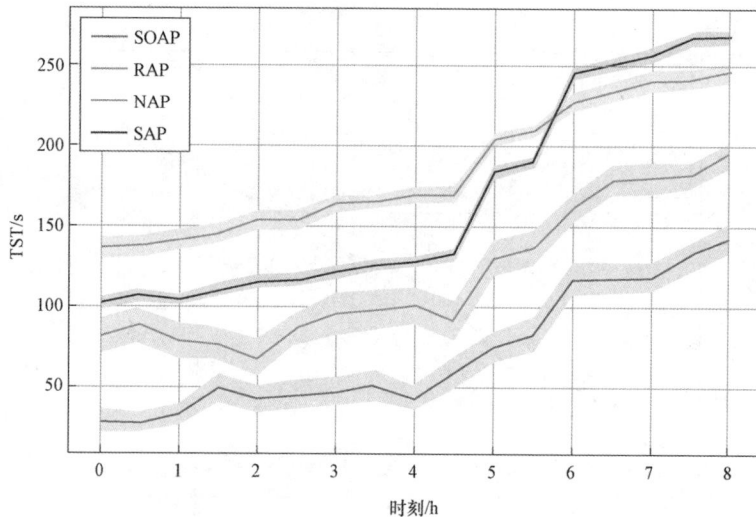

(b) TST

图 3-15　疲劳常数 γ_0 和 γ_1 分别为 6.17e-6 和 7.49e-5 时的
策略敏感性分析：TMT；TST

表 3-2　n_a 和 n_{ca} 敏感性分析的实验结果

方法	$n_a = 2, n_{ca} = 2$				$n_a = 2, n_{ca} = 3$			
	AVE_{TMT}	RVR_{TMT}	AVE_{TST}	RVR_{TST}	AVE_{TMT}	RVR_{TMT}	AVE_{TST}	RVR_{TST}
SOAP	251.01	1.00	151.33	1.00	264.73	1.00	115.41	1.00
RAP	252.50	1.32	184.22	1.10	258.59	1.14	127.03	1.08
NAP	305.14	2.27	288.14	0.85	236.74	1.11	177.46	1.67
SAP	237.23	1.11	252.32	1.53	243.64	1.02	170.16	1.49

表 3-3　机器人车队规模敏感性分析的实验结果

方法	机器人车队规模：14				机器人车队规模：18			
	AVE_{TMT}	RVR_{TMT}	AVE_{TST}	RVR_{TST}	AVE_{TMT}	RVR_{TMT}	AVE_{TST}	RVR_{TST}
SOAP	259.37	1.00	108.33	1.00	231.26	1.00	223.87	1.00
RAP	262.67	1.17	155.05	1.08	239.78	1.19	257.92	0.87
NAP	259.52	1.55	230.30	1.02	223.42	1.33	338.62	0.94
SAP	244.33	1.03	204.36	1.60	225.77	1.19	339.93	1.03

表 3-4　订单集大小敏感性分析的实验结果

方法	订单集大小：30				订单集大小：100			
	AVE_{TMT}	RVR_{TMT}	AVE_{TST}	RVR_{TST}	AVE_{TMT}	RVR_{TMT}	AVE_{TST}	RVR_{TST}
SOAP	138.27	1.00	77.38	1.00	513.99	1.00	364.89	1.00
RAP	138.40	1.27	98.92	0.97	550.24	1.46	470.23	0.95
NAP	128.75	1.18	136.41	1.26	655.15	2.21	654.64	0.80
SAP	133.46	1.17	143.42	1.82	487.37	1.07	605.73	1.37

表 3-5　疲劳常数 γ_0 和 γ_1 敏感性分析的实验结果

方法	$\gamma_0 = 6.17e-6, \gamma_1 = 7.49e-6$				$\gamma_0 = 2.51e-5, \gamma_1 = 3.06e-5$			
	AVE_{TMT}	RVR_{TMT}	AVE_{TST}	RVR_{TST}	AVE_{TMT}	RVR_{TMT}	AVE_{TST}	RVR_{TST}
SOAP	224.44	1.00	70.96	1.00	307.66	1.00	346.92	1.00
RAP	224.70	1.35	119.21	1.01	329.54	1.21	369.69	0.94
NAP	211.50	1.41	184.65	0.97	339.94	1.44	399.16	0.83
SAP	213.84	1.11	165.88	1.45	301.19	1.12	494.07	1.24

从实验结果可以得出以下结论：

平均总压力持续时间方面。从图 3-8 到图 3-15 可以看出，随着工作时间的增加，所有策略的总压力持续时间都有上升的趋势，这是疲劳引起的。然而，与其他三个基准策略相比，本研究提出的 SOAP 方法在针对这四个关键因素的大多数敏感性分析中，能够保证平均总压力持续时间最小。图 3-9 所示的例外出现在系统使用两个通道和三个交叉通道的布局中。在这种情况下，SOAP 策略不能保证前三个小时的平均总压力持续时间最小，但各策略之间的总压力持续时间差距并不显著。造成这种现象的原因，一方面，是操作员刚开始工作，工作效率高，货架不易在工作站中堆积，产生压力过载；另一方面，根据如图 3-1 所示的 RMFS 布局，通过扩大交叉过道而不是过道，更容易增加存储区域和工作站之间的旅行距离，这延长了货架的搬运时间。因此，在工作开始时可以保证较小的总压力持续时间，并且四种策略之间的差异并不明显。然而，随着疲劳的积累，挑拣员的效率降低，所提策略的优势会增加。另一种特殊情况出现在图 3-14 中，此时挑拣员的疲劳常数分别为 $2.51\mathrm{e}-5$ 和 $3.06\mathrm{e}-5$。SOAP、RAP 和 NAP 对 4.5 h 后的总压力持续时间具有相同的影响。这是因为疲劳参数的增加，导致挑拣员作业效率下降的速度加快。当所有的挑拣员对较少的工作任务都变得敏感时，策略的调整就变得困难。尽管存在这两个例外，我们可以从表 3-2～表 3-5 中发现，在所有的灵敏性分析试验中，所提策略在整个工作日中具有最小的 $\mathrm{AVE_{TST}}$。特别是当订单数量增加时，我们的策略在保证总压力持续时间最小方面效果最好。当 SOAP 达到最小值 364.89 s 时，NAP 和 SAP 策略下的总压力持续时间超过 600 s。

平均总订单完成时间方面。从图中还可以看出，SAP 在所有实验中始终可以保证较低的总订单完成时间。NAP 的性能也很优秀但不稳定。当 $n_a \times n_{ca} = 2 \times 2$ 与 $m = 100$ 时，其表现远不如其他三种策略。虽然 SOAP 在效率方面一般不如 NAP 和 SAP，但从表中也可以得出，所提方法的平均总订单完成时间与 SAP 和 NAP 的结果相比没有显著差异，在 $\gamma_0 = 2.51\mathrm{e}-5$，

$\gamma_1 = 3.06e-5$ 的情况下，总订单完成时间的差异是 6 s。此外，平均 TMT 的差异通常保证在 20 s 内。值得注意的是，根据表 3-2～表 3-5，其他策略的 RVR_{TMT} 均高于 SOAP，反映了面对挑拣员压力和疲劳造成的不确定性，所提出的策略具有更大的鲁棒性。

3.6　本章小结

本章针对面向挑拣员压力水平的机器人指派问题进行研究。考虑到压力水平的不确定性，采用瞳孔直径信号作为压力状态检测的生理指标，通过可穿戴传感器实现对挑拣员生理状态的实时准确检测。基于挑拣员压力状态检测结果，采用集中式训练和分散式执行框架下基于 VDN 的多智能体强化学习方法获得机器人指派策略。该方法通过将已确定的挑拣员压力度量和系统效率相关的时间成本构建奖励函数，引导机器人学习兼顾系统效率和压力水平的自主指派策略。所进行的基准策略比较研究和敏感性分析可以得出以下结论：

（1）基于可穿戴传感器，设计出面向挑拣员压力水平的机器人指派策略，在不降低系统订单拣选效率的情况下，显著降低工人的压力水平。此外，本章的研究扩展了仓储系统内现有的关于人因约束下运行决策优化的工作，展示了如何有效地利用可穿戴压力传感器实现决策设计。

（2）虽然所有被评估指派策略的性能都会随着疲劳的累积而下降，但在所有基准测试中，本章提出的 SOAP 受疲劳的影响最小。

（3）该方法可以适用于不同的场景。敏感性分析表明，所提出的策略对所考虑的场景具有鲁棒性，并能考虑系统效率和挑拣员压力水平，从而做出比其他基准策略更好的指派决策。

第4章　面向挑拣员疲劳－压力管理的机器人自主指派策略学习

4.1　本章引言

上一章研究内容针对挑拣员压力水平管理，基于多智能体强化学习算法，提出了基于可穿戴传感器所采集生理信号的移动机器人指派策略，可以在不牺牲 RMFS 运行效率的情况下，减少挑拣员货物挑拣过程中总压力持续时间，很好地降低挑拣员压力水平。区别于上一章短时间、小订单集合情况下的机器人指派策略学习，本章将增加订单集合规模，以放大长时间货物拣选作业下的挑拣员疲劳积累效应，进而对长时间疲劳累积下机器人指派策略进行研究。生理信号采集方面，在瞳孔直径信号的基础上增加反映人体疲劳程度的心率信号，为挑拣员工间休息制度的研究提供更加敏感的数据输入，以准确、快速地识别出挑拣员疲劳－压力状态，最终实现疲劳－压力管理目标下的移动机器人指派策略研究。

如前文研究所述，在疲劳累积影响下挑拣员对工作量的敏感程度逐渐升高，高频次短时间的工间休息制度已经被广泛采用为工作中缓解工人压力-疲劳积累的有效手段。同时，工间休息制度的引入也对机器人指派策略提出了新的挑战。首先，受到人体疲劳和压力不确定性的影响，在移动机器人订单履行系统运行过程中，判断挑拣员疲劳程度并适时安排挑拣员进行工间休息，从而实现其压力-疲劳的有效缓解成为提高系统效率、兼顾工人福祉的关键研究之一。其次，由于挑拣员休息后的疲劳－压力缓解水平存在不确定性，如何快速生成适配挑拣员当前可承受货物拣选工作强度的机器人指派策略，也是值得研究的关键内容之一。最后，在有挑拣员处于休息状态时，整体工作量将向其余处于工作状态中的挑拣员转移，这将进一步对机器人指派策略提出新的要求。也就是说，无论挑拣员处于工作阶段还是恢复阶段，对于移动机器人而言，都需要合理的指派策略以减少挑拣员在两个阶段状态下的不适水平。

针对以上 RMFS 运行过程中面临的机器人指派需求，本章面向挑拣员疲劳－压力水平管理，提出了由挑拣员生理状态监测、移动机器人训练以及习得指派策略应用三个部分组成的一般性研究框架。

4.2　问题描述

面向挑拣员疲劳－压力水平管理的移动机器人指派策略研究框架，如图 4-1 所示。框架由三个阶段组成。第一阶段，挑拣员生理状态监测。采用心率监测传感器以及瞳孔直径监测传感器实现对挑拣员疲劳－压力的检测，其识别结果是下一阶段的重要输入。第二阶段，移动机器人训练。采用多智能体强化学习算法，以 RMFS 效率和挑拣员生理状态构建的奖励函数为引导，训练获得适配挑拣员任务强度的移动机器人指派策略。第三阶段，习得指派策略应用。利用所学策略实现机器人对挑拣员工间制度的主动干预措施。

4.2.1　阶段 1：挑拣员疲劳－压力生理信号监测

在第一阶段，快速准确地检测挑拣员疲劳和压力的发生，对于后续的机器人指派策略具有重要意义。如上一章节所述，基于传统主观量表的人体疲劳与压力状态测评方法[153]，在实际测评过程中，会对挑拣员造成一定程度的工作干扰，测评结果容易受到被试挑拣员情绪的影响，同时难以实现疲劳－压力的实时连续监测，降低挑拣员疲劳－压力状态监测的准确性。

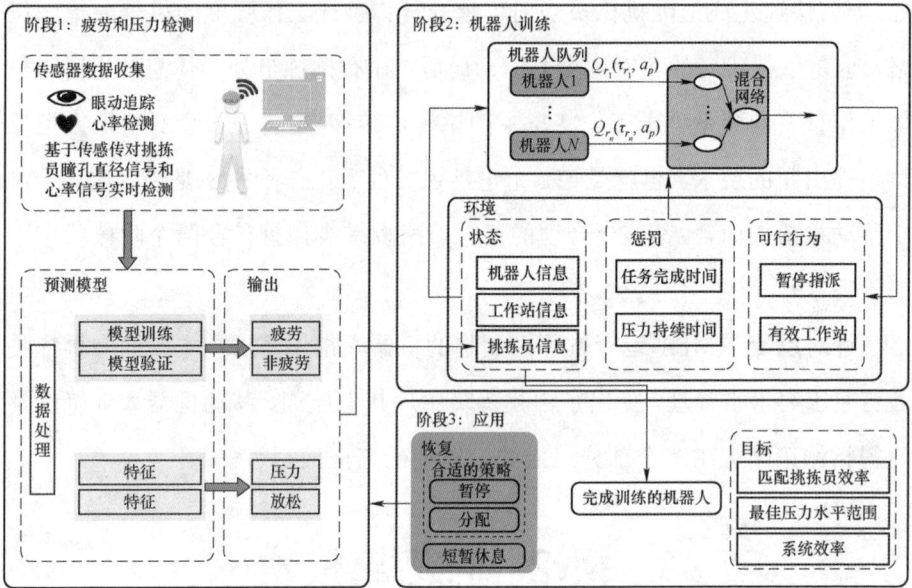

图 4-1　疲劳－压力管理框架概述

相较于主观量表评测，人体生理信号是对生理状态与变化过程最直观真实的反映。挑拣员疲劳和压力状态的改变伴随着生理信号的变化，在传感器技术和无线通信技术的支撑下，基于无线可穿戴式传感器的人体生理信号检测具有灵活、便携、非侵入性等优势，为挑拣员疲劳－压力状态无感监测提供了基础。因此，本章在上一章基于瞳孔直径生理信号进行挑拣员压力监测的基础上，为提高生理监测数据对疲劳程度的敏感性，为挑拣员工间休息制度研究提供全面、可靠输入，本章增加了人体心率信号，与瞳孔直径信号共同监测挑拣员生理状态[149,154,155]，开展面向挑拣员疲劳－压力水平管理的机器人指派策略研究。

新增的疲劳预测模型构建遵循以下步骤：

（1）选定所需可穿戴传感器类型，对传感器检测数据进行预处理并生成特征。

（2）利用处理后的数据，训练并区分挑拣员疲劳与非疲劳状态下的统计和数据分析模型。

（3）根据准确率、灵敏度等指标评估训练模型的有效性。

（4）评估最佳训练模型的易用性[155]。对于压力检测，本章仍然采用上一章的基于瞳孔直径信号的在线检测方法，这里不再赘述。

4.2.2　阶段 2：移动机器人训练

机器人指派是一个复杂动态的决策过程。就移动机器人订单履行系统效率而言，每个仓储移动机器人的旅行时间及其在工作站的逗留时间是机器人指派决策过程中的两个主要限制因素。机器人旅行时间可以在指派决策后由旅行时间模型估计[17]，而受到工作站机器人队列长度，挑拣员效率等因素的影响，对机器人在工作站区域逗留时间的估计往往存在不确定性。就挑拣员福祉而言，受工作强度、工作时间及个体差异的影响，挑拣员疲劳和压力的产生体现出一定随机性。综上种种不确定性，使 RMFS 订单挑拣过程具有了较大的不可预测性和复杂动态特性，促使传统的预编程或基于规则的指派方法，需要进一步依托适当模型、专家先验知识和人工的干预，才能实现机器人对不断变化的挑拣员状况，做出持续合理的指派决策响应。

为解决以上问题，该阶段采用基于学习的机器人指派策略，引入多智能体强化学习方法，使机器人能够根据其与动态环境直接交互所得经验来学习并逐步改进机器人指派决策方案。图 4-2 展示了机器人策略学习机制，学习算法将在 4.4 节中讨论。

4.2.3　阶段 3：应用

从移动机器人订单履行系统运行管理者的角度看，采取合理措施制定挑拣员工间休息制度，以最大程度缓解挑拣员生理不适水平，实现挑拣员疲劳－压力管理，是机器人指派策略应用的意义所在。

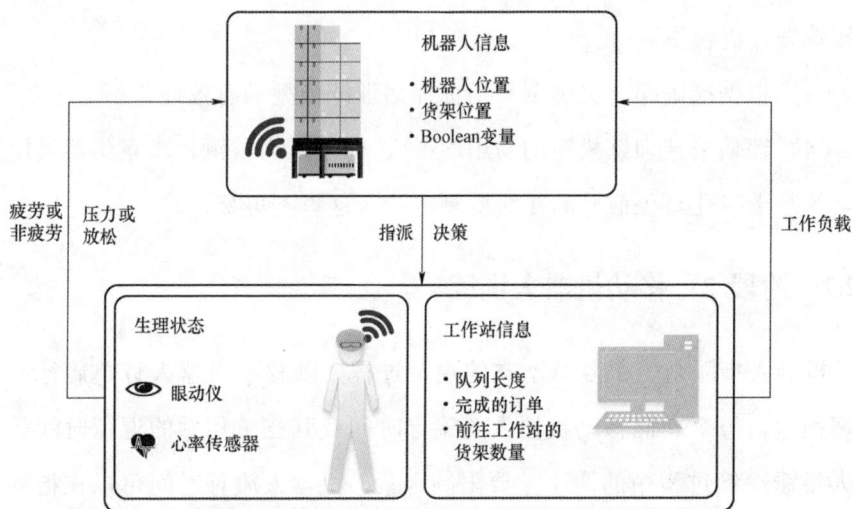

图 4-2　机器人与挑拣员协作分担任务的机制

训练完成的机器人结合系统效率和挑拣员生理状况两方面做出指派决策。具体为，机器人将根据目标货架位置评估到达所有工作站的预期时间以及每个挑拣员的疲劳－压力状态，衡量指派至各挑拣员所在工作站对系统整体效率的影响。移动机器人学习到的指派策略允许其在观测到工人生理状态的基础上，避免选择过度疲劳或/和压力过大的挑拣员来完成订单拣选任务，自主地从一系列选择中做出合适的指派决策。所有机器人指派决策组成的联合决策实现以下干预措施：① 在合适的时间为挑拣员分配短暂的工间休息，可以在潜在危险暴露之前，通过调节挑拣员疲劳和压力水平，避免危机的发生；② 通过更新机器人指派策略，实现挑拣员疲劳－压力状态与作业强度的适配。

基于建立的疲劳－压力管理框架，建立如下目标函数，以兼顾 RMFS 订单拣选效率的同时，最小化挑拣员的总压力持续时间：

$$J(\pi^*) = max_{\pi \in \Pi} \{\sum_{o_j=0}^{m}(T_{int} + \sum_{p=1}^{w} T_{stress}^{h_p})\} \qquad (4\text{-}1)$$

其中，T_{int} 为当前指派决策时刻距上一决策时刻的时间间隔，T_{stress} 为时间间隔 T_{int} 内所有工作站挑拣员的总压力持续时间。

4.3　挑拣员疲劳－压力－恢复生理模型

为防止工作区域内长时频繁的货物拣选作业带来的挑拣员疲劳及压力积累,通过机器人指派实现合理的工间休息和机器人指派是在兼顾挑拣员福祉前提下,提高订单拣选系统综合效率的主要途径。适时合理的休息制度有助于缓解挑拣员疲劳－压力状态,使其作业能力在一定程度上得以恢复。且高频次、短时长的休息比随机长时休息更能恢复挑拣员体力,使其快速进入到工作状态中[156]。

为了量化休息期间疲劳恢复的趋势,基于图 3-2 我们假设休息阶段的疲劳积累随休息时间呈指数递减趋势。相反,疲劳积累随工作时间呈指数增加趋势。基于 Calzavara 等[143]开发的疲劳－恢复模型,将挑拣员的效率恢复建模为:

$$v_{recovery}(t) = v_{fatigue} * (1 - e^{-\kappa \tau_{rest}}) \qquad (4-2)$$

其中, $v_{fatigue}$ 为休息前挑拣员的工作效率, κ 反映个体间差异性,表示效率恢复速度。 t_{rest} 为休息时间。在本章的研究场景中,每个挑拣员的休息时间是固定的。结合式（3-2）,挑拣员受疲劳影响的作业效率可以表示为:

$$v_{fatigue}(t) = v_{max} e^{-\lambda_f \sum_{i=0}^{q} t_i} * (1 - e^{-\kappa \tau_{rest}})^q * e^{-\lambda_f t} \qquad (4-3)$$

其中, i 表示第 i 次休息, v_{max} 代表操作员的最大处理速度。 q 为挑拣员的总休息次数。

结合第 3 章对于压力的定义,挑拣员压力主要源自在工作站区域排队等待的机器人数量超出了挑拣员的货物拣选处理速度。而在工间休息后,压力水平可以恢复到正常压力范围。根据 Yerkes-Dodson 定律以及假设 3.2,考虑挑拣员疲劳－压力以及生理恢复,挑拣员作业效率模型可以表示为:

$$v(t) = v_{fatigue} * \Delta = v_{fatigue} * (c_0 \cdot e^{-\mu x^2/2\phi^2} + c_1) \qquad (4-4)$$

其中, Δ 是压力水平影响下,人工货物拣选效率降低的百分比, x 为挑拣员作业效率与当前工作站等待的货架数量之差的绝对值，c_0、c_1、μ 以及 ϕ 是常量参数，且 $c_0 + c_1 = 1$。所提出的疲劳－压力—恢复模型使得在仓储的运行策略设计中可以定量考虑人为因素对系统效率的作用，进而使得基于人因约束对系统运行策略进行优化成为可能。在本章研究设置中，所提模型主要用于生成生理信号，为后续基于学习的机器人指派策略提供所需数据。

挑拣员工间休息制度的设置意味着 RMFS 订单拣选过程中涉及机器人指派策略的改变。具体表现为，首先，处于休息状态下挑拣员的工作量会转移给其他仍处于工作状态的挑拣员，进而引起其他挑拣员疲劳状态及压力水平的变化，为机器人指派提出新的要求。其次，在挑拣员完成短暂休息后，鉴于挑拣员由休息状态进入工作状态时生理水平恢复情况的不确定性，为挑拣员分配使其处于适度压力水平下的机器人货架数量，对机器人指派策略设计提出更高的要求。因此，下一节将针对机器人指派策略学习展开研究。

4.4 机器人指派策略学习

4.4.1 系统表示

基于假设 2.1 以及 4.2 节的描述，将机器人指派问题建模为分散式部分可观测马尔可夫决策过程[157]，并寻求一个联合指派策略 $\pi^*, \pi \in \Pi$，以实现系统中的机器人队列 $R = \{r_i \mid i = 0, \cdots, n\}$，在高效地完成订单集合 O 的搬运任务的同时，可以自主调节指派策略，进而管理所有挑拣员的疲劳积累以及压力状态。

定义指派行为集合 $\mathbf{A} = \{a_0, a_1, \cdots, a_w, a_{pause}\}$，包含不做指派 a_0，到各个工作站的指派 a_p（$p = 1, \cdots, w$）以及暂停指派 a_{pause} 三类。具体为，当机器人忙于当前任务时，不做指派决策；待指派的机器人自主选择合适的工作站完成指派；以及当挑拣员处于负面生理状态时，机器人可以自主选择暂停指派行为，以减少当前系统中的机器人货架搬运及挑拣员货物拣选过程，进而缓解挑拣员疲劳－压力水平。

从机器人、工作站、操作员三方面进行系统状态的定义。具体为，通过机器人位置、目标货架位置、布尔变量定义每个机器人状态向量 $RS_{r_i}^{o_j} = \{P_{r_i}^{o_j}, P_{r_i}^{o_j}, b\}$。每个工作站记录在最近一个时间间隔 T_{int} 内完成的订单数 $N_{comp}^{o_j}$，并在指派决策时刻，将当前工作站的等待货架数量 $N_{que}^{o_j}$ 和正在前往该工作站的机器人数量 $N_{tran}^{o_j}$，通过无线网络发送给机器人，每个工作站信息向量可以定义为 $WI_p^{o_j} = \{N_{comp}^{o_j}, N_{que}^{o_j}, N_{tran}^{o_j}\}$。挑拣员信息向量主要包含工人疲劳和压力检测结果。工作站的计算机根据 4.2 节介绍的疲劳和压力检测步骤，实现生理信号的处理并将检测结果传输给机器人，其中 $HI_{stress} = 0$ 和 $HI_{fatigue} = 0$ 分别表示非疲劳以及正常压力水平状态，反之工人处在疲劳和压力过载状态。基于以上集合，系统状态定义为 $S_{o_j} = \{RS_{o_j}, WI_{o_j}, HI_{o_j}\}$，其中 $RS_{o_j} = \{RS_0^{o_j}, \cdots, RS_m^{o_j}\}$，$WI_{o_j} = \{WI_1^{o_j}, \cdots, WI_w^{o_j}\}$，$HI_{o_j} = \{HI_1^{o_j}, \cdots, HI_w^{o_j}\}$。

在每个决策时刻，所有机器人的指派行为组成当前时刻的联合指派行为 $\mathbf{a}^{o_j} = \{a_{r_0}^{o_j}, \cdots, a_{r_n}^{o_j}\}$，并对总订单完成时间和完成拣选任务的挑拣员的压力水平产生影响。为了在订单拣选效率和挑拣员福祉之间取得平衡，机器人将受到时间成本和压力水平的惩罚，以及对当前指派行为的纠正惩罚。时间成本惩罚等于距上一次指派决策的时间间隔 T_{int}，而压力惩罚是时间间隔 T_{int} 内所有挑拣员的压力持续时间之和，记为 T_{stress}。此外，修正项用于惩罚机器人在挑拣员生理状态下降时继续指派的行为，由指派机器人个数 $n_{assigned}$ 和总机器人个数的比值进行修正。鼓励机器人在挑拣员状态较好时的指派行为，由未指派机器人个数 $n_{unassigned}$ 和总机器人个数的比值进行修正。假设时间惩罚、压力惩罚以及修正惩罚是线性的，根据目标函数式（4-1），联合行为下的惩罚函数为：

$$R_{o_j}(S_{o_j}, a^{o_j}) = \begin{cases} -T_{int} - d_0 T_{stress} - d_1 \dfrac{n_{assigned}}{n} & \text{if } S_{stress} = 1 \text{ or } S_{fatigue} = 1 \\ -T_{int} - d_2 \dfrac{n_{unassigned}}{n} & \text{else} \end{cases} \quad (4\text{-}5)$$

其中 d_0、d_1 和 d_2 为线性系数。

4.4.2　基于 QIM 的多智能体强化学习

如 4.2 节所述，鉴于多机器人环境中指派策略学习的复杂性，本章同样采用强化学习方法来解决 RMFS 中复杂且动态的机器人指派问题。第 2 章和第 3 章分别采用了 IQL 方法和 VDN 算法学习指派策略。VDN 算法结构简单，通过分解网络，使得每个机器人可以根据各自的局部观测做出指派决策，对于第 3 章中的问题求解，可以快速有效地收敛。在本章中，由于需要同时考虑系统效率，疲劳和压力检测状态，做出指派或是工间休息决策，问题复杂度增加。然而，在 VDN 算法中，通过机器人个体值函数线性组合获得的近似全局行为值函数与真实的 Q_{tot} 存在较大误差，VDN 算法学习能力大打折扣。因此，本章针对机器人的指派问题采用 QMIX 算法，该方法通过集中式训练和分散式执行框架学习联合行为值函数 $Q_{total}(\tau,a)$，其中 τ 是一个联合行为-观测历史，a 为所有机器人指派决策组成的联合行为[158]。QMIX 中的 Q_{tot} 可以通过一个复杂的非线性函数，将机器人个体 Q 值函数 $Q_{r_i}(\tau_{r_i}, a_p)$ 组合，有效地提升了 Q_{tot} 的拟合能力。Q_{tot} 和 $Q_{r_i}(\tau_{r_i}, a_p)$ 间的关系可以表示为：

$$Q_{total}(\tau,a) = f(Q_{r_0}, \cdots, Q_{r_n}) \tag{4-6}$$

同第 3 章采用的 VDN 算法相比，QMIX 算法不用满足 VDN 的完全分解策略。一般而言，为保证分解前后的一致性，我们只需要保证 Q_{tot} 和 Q_{r_i} 可以同时取得最大值：

$$\arg\max_{a} Q_{tot}(\tau,a) = \begin{pmatrix} \arg\max_{a_0} Q_1(\tau^1, a_0) \\ \vdots \\ \arg\max_{a_n} Q_n(\tau^n, a_n) \end{pmatrix} \tag{4-7}$$

这允许每个机器人只需通过个人 Q 值函数 Q_{r_i} 选择指派行为。VDN 算法中的完全分解策略满足式（4-7）的要求。对于 QMIX 算法中 Q_{tot} 的非线性组合形式，可以扩展到范围更广的单调函数族，以充分非必要地满足式（4-7）。

其单调性可以通过限制 Q_{tot} 与 Q_{r_i} 之间的关系实现，如式（4-8）所示：

$$\frac{\partial Q_{tot}}{\partial Q_{r_i}} \geqslant 0, \ \forall r_i \in R \qquad\qquad (4\text{-}8)$$

为保证式（4-8）成立，QMIX 中 Q_{tot} 的表示可以通过图 4-3 所示的结构实现，结构包含代表机器人的智能体网络（Agent network）、一个混合网络（Mixing network）以及一组超网络（Hypernetwork）[159]。

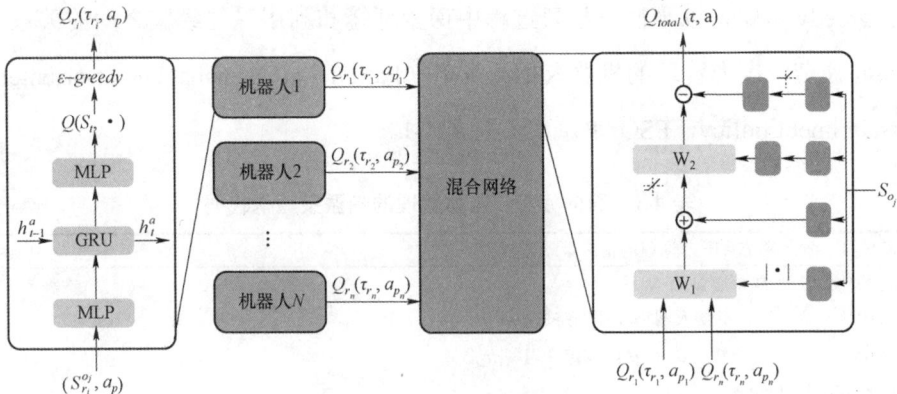

图 4-3　QMIX 的整体架构

在本章研究场景中,机器人仅依据当前时刻的状态观测不能确定挑拣员生理状态与其工作负载间的实时关系，特别是最佳压力水平对应的货架数量，因而难以做出指派或是暂停指派决策。为此，本章在 DQN 结构的基础上，将其最后一层的全连接层替换为门控循环单元（Gate recurrent unit，GRU）网络[160]，构成深度循环 Q 网络（Deep recurrent Q-networks，DRQN）[161]。通过 GRU 网络，可以实现对历史信息的记忆，从而为机器人提供更完整的系统状态信息，进而提升训练结果。对于每个机器人，都有一个智能体网络，它以当前观察和最后一个动作为输入来估计行为-值函数 Q_{r_i}。混合网络是一种前馈神经网络，可以非线性单调地组合每个智能体网络的输出，最终输出是一个联合行为-值函数 Q_{tot}。混合网络中每层的非负权重可以通过一个超网络和一个绝对激活函数来实现，以满足单调性约束，同时，混合网络中的偏差也可以通过两层超网络产生。类比于标准的 DQN 训练，通过最小化如下损失函数训练机器人指派策略：

$$L(\theta) = \sum_{i=1}^{M} [(y_i^{tot} - Q_{tot}(\boldsymbol{\tau}, \boldsymbol{\alpha}, S; \theta))^2] \tag{4-9}$$

其中，M 为从经验回放中取出的样本批次大小，y^{tot} 为目标网络的估计值，表示为 $y^{tot} = R + \gamma \max_{\mathbf{a}'} Q_{tot}(\boldsymbol{\tau}', \boldsymbol{\alpha}', S'; \theta^-)$，$\theta^-$ 为目标网络的参数，周期地复制预测网络的参数 θ 以稳定训练过程。此外，在训练过程中，同样采用 ϵ-greedy 策略，以平衡在学习过程中探索环境和利用以往经验之间的关系。面向疲劳–压力管理的机器人指派策略（Fatigue-stress management-oriented assignment policy，FSOAP）算法见表 4-1。

表 4-1　面向疲劳–压力管理的指派策略伪代码

算法 1　面向疲劳–压力管理的指派策略
初始化经验池 D，容量为 N
初始化混合网络，机器人网络和超网络的权重 θ
令 $step = 0$　$N_{timestep} = 0$，$\theta^- \leftarrow \theta$，设定学习率 lr
For episode=1 to M do
重置环境初，始化系统状态 S_{o_0}
While　$S_o \neq$ terminal　and　$step < step_{\max}$　**do**
For each robot　r_i　**do**
以概率 ε 选择行为 $a_{o_j}^{r_i}$
否则根据 $a_{o_j}^{r_i} = \mathrm{argmax}_{a_{o_j} \in A} Q^*(S_{o_j}^{r_i}, a_{o_j}; \theta)$ 选择行为
End for
观测奖励 $R_{o_{j+1}}^{r_i}$ 和下一状态 $S_{o_{j+1}}^{r_i}$，将状态转移 $< S_{o_j}, a_{o_j}, R_{o_{j+1}}^{r_i}, S_{o_{j+1}} >$ 存储在 D 中
$step = step + 1$，$N_{timestep} = N_{timestep} + 1$
If　$N_{timestep} = N_{traincycle}$　**then**
从 D 中随机采样最小批次数为的经验数据
For each step in episode in **do**
计算预测网络和目标网络分别计算和
基于式（4-9）的损失函数更新参数
End
End
If　**then**
令
End
End
End for

4.5　仿真验证

本节首先给出 RMFS 以及 QMIX 算法相关参数。之后，将 FSOAP 与三种在仓储系统订单拣选过程中被广泛运用的典型指派策略进行比较，以证明本章所提机器人指派策略的有效性。最后，对该机器人指派策略进行灵敏性分析。

4.5.1　试验设置

采用与第 3 章相同的仓储布局参数，仅改变挑拣员信息和订单集合大小。最大处理速度分别为 10 件/分钟和 6 件/分钟的两个挑拣员，将完成 250 个订单拣选任务。此外，为更接近实际系统运行状态，假设其中一位挑拣员刚完成轮班或刚开始货物拣选工作，另一位挑拣员已经工作了 20 min，并存在相应的疲劳积累。

代表 agent 的神经网络由输入、输出及两个隐含层组成。隐藏层分别为一个 GRU 网络和一个全连接层，隐藏节点均为 64。训练过程中，折扣因子 γ 设置为 0.95，网络中参数的权重由 Adam 优化器更新，学习率 θ 为 10^{-6}。训练批次的大小 M 为 32。ϵ-greedy 策略的探索率在 25 000 个时间步长内从 1 线性衰减到 0.01。此外，在训练过程中每 5 000 个时间步长后，我们将利用 10 个随机 episodes 的平均回报、平均总完成时间和平均总压力持续时间来评估策略学习情况。图 4-4 为基于 QMIX 的机器人指派策略训练的收敛曲线。

4.5.2　所提策略性能比较

本节将 FSOAP 同上一章的三种典型分配策略（RAP、NAP、SAP）在总订单完成时间（TMT）和所有员工总压力持续时间（TST）方面进行比较。

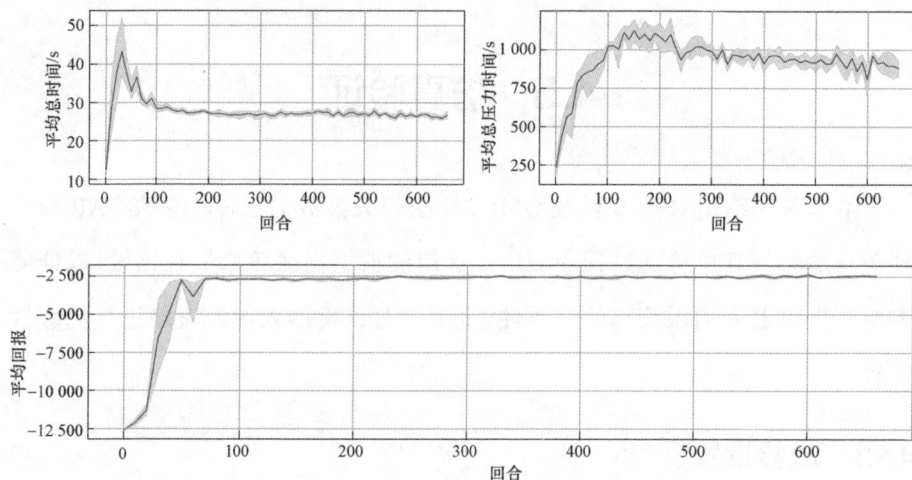

图 4-4　FSOAP 的收敛证明

从理论上讲,所提出的策略可以通过暂停指派行为来减少系统中的整体工作量,这可能会增加订单总完成时间。因此,本着平衡系统效率及挑拣员福祉的原则,本章通过调节奖励函数中的参数,为管理者提供了两种指派策略:一种更加注重挑拣员福祉,以减少总压力持续时间为主要目标,定义为疲劳 – 压力缓解优先型指派策略(Fatigue-stress-first assignment policy,FSFAP);另一策略寻求系统效率和挑拣员福祉之间的平衡,定义为均衡优先型指派策略(Balanced-first assignment policy,BFAP)。图 4-5 和图 4-6 显示了当 $t = 20$ min 时两种方案与其余三种指派策略在总订单完成时间和总压力持续时间的性能比较。

如图 4-5 和图 4-6 所示,本研究所提出的两种基于学习的指派方案都显著减轻了挑拣员的总压力持续时间,而不会过度牺牲系统效率。具体而言,在用于完成给定订单集合的策略中,RAP 以及 NAP 无论在系统效率还是压力缓解方面,其性能都明显不如 FSOAP 和 SAP 两个策略。在总压力时间方面,FSOAP 优于其余三种策略,其中 BFAP 相比 SAP 有近 33%的降低,而FSFAP 总压力持续时间实现高于 50%的减少。综上证明了本研究所提策略在机器人指派决策时,可以很好地兼顾挑拣员的压力状态进行机器人指派。

在系统效率方面，FSFAP 和 BFAP 两个方案的表现有所差异，BFAP 可以达到与 SAP 相近的效率水平，在效率几乎没有下降的前提下，降低了压力水平。而 FSFAP 虽然压力减少明显，但以牺牲小部分系统效率为代价（约 248 s）。这可以解释为，FSFAP 在决策时更加注重压力减少，偏向于暂停指派行为，从而导致总订单完成时间增加。在实际系统运行中，两种方案的选择将取决于物流仓储管理者对于系统运行目标的考虑。在本研究中，更加侧重挑拣员压力水平的控制，因此选 FSFAP 作为之后继续研究的策略。

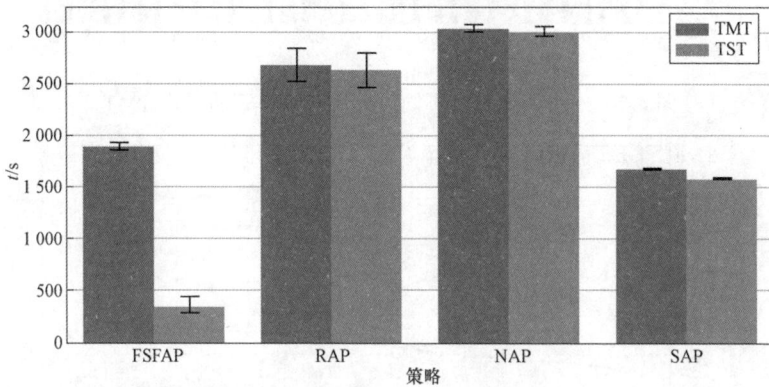

图 4-5　t=10 min 时 FSFAP 与其余策略的性能比较

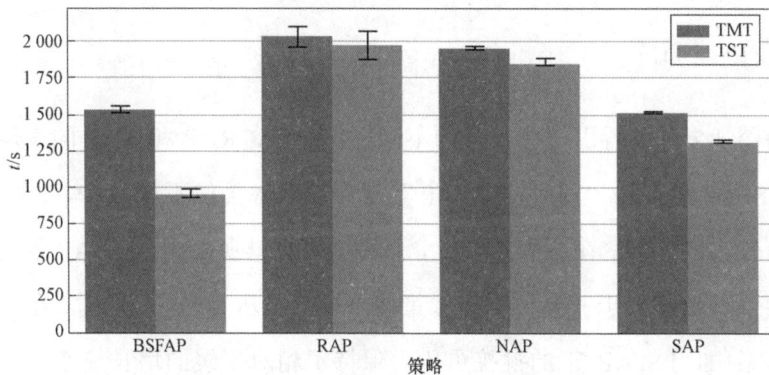

图 4-6　t=10 min 时 BFAP 与其余策略的性能比较

在实际订单拣选过程中，挑拣员的作业效率会随着疲劳积累而逐渐下降，为研究本章所提机器人指派策略在挑拣员不同疲劳积累下所体现出的疲劳–压力管理能力，我们在一个工作日的不同时间开始统计完成订单集合的总订单完成时间和压力持续时间，统计结果如图 4-7 和图 4-8 所示。

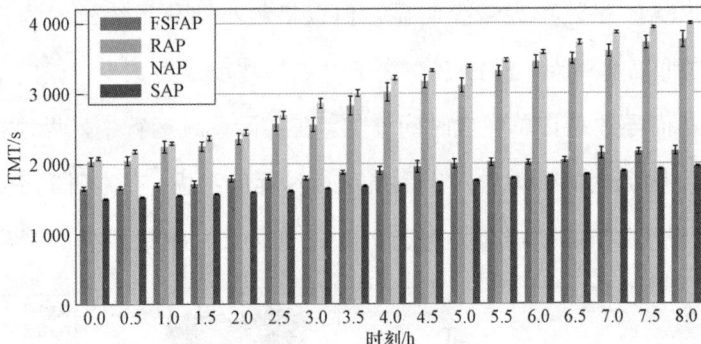

图 4-7　一个工作日内不同时刻所有策略下的平均 TMT

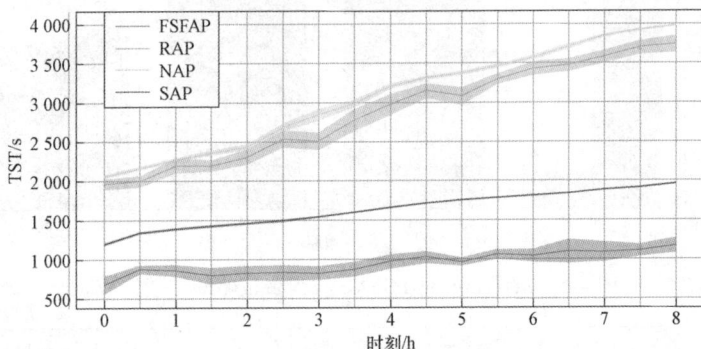

图 4-8　一个工作日内不同时刻所有策略下的平均 TST

由图 4-7 可以看出，在一天的不同工作时刻，RAP 和 NAP 的表现仍然不如 FSFAP 和 SAP。同时，FSFAP 下的系统效率虽然不如 SAP，但始终保持相对较小的差异。在压力管理上，从图 4-8 可以观察到，FSFAP 下的挑拣员压力水平始终低于其余三个指派策略下挑拣员压力水平。同时，在一天的疲劳积累中，FSFAP 下的挑拣员压力保持了相对平缓的增长速率，证明压力和疲劳积累对 FSFAP 的影响并不明显，在一定程度上实现了对挑拣员疲劳–压力水平的有效管理。

本章继续采用相对变异率 RVR_{TMT} 和 RVR_{TST} 分别表示一天中挑拣员总

订单完成时间和总压力持续时间的相对变化率。表 4-2 为所有策略的详细性能比较结果。表中，虽然 FSFAP 在总订单完成时间上比最高效的 SAP 多花费 195.45 s，但 SAP 的总压力时间波动是 FSFAP 的 1.55 倍。

表 4-2　四种指派策略的比较结果

方法	AVE_{TMT}（s）	RVR_{TMT}	AVE_{TST}（s）	RVR_{TST}
FSFAP	1 908.16	1.00	948.48	1.00
RAP	2 913.77	3.24	2 879.45	3.60
NAP	3 084.01	3.61	3 071.61	3.89
SAP	1 712.71	0.86	1 633.74	1.55

4.5.3　灵敏性分析

本节将针对 RMFS 的工作站位置、长宽比以及挑拣员疲劳积累速率这三个关键因素进行灵敏性分析。对于仓储长宽比，我们将改变过道和交叉过道数量，实现不同长宽比下的策略有效性分析。同时我们还改变了工作站在仓储四周的分布位置，以研究工作站位置对策略性能的影响。最后，我们针对不同疲劳参数 λ 进行实验，以研究不同作业效率下降速度对策略的影响。

4.5.3.1　改变 RMFS 的长宽比

通过改变仓储中通道和交叉通道数量，可以增减仓储的长宽。因此，本节通过设置不同数量的通道和交叉通道来研究不同仓储布局下策略的有效性。图 4-9 和图 4-10 分别为 $t = 240$ min 不同通道和交叉通道数量比例下的总订单完成时间和总压力持续时间的比较图。

从图 4-9 可以发现，当通道和交叉通道比例分别为 2:3 和 4:1 时，所提出的策略难以保证较高的系统效率。在其他情况下，FSFAP 所体现出的系统效率与性能最佳的 SAP 较为相近。这是因为在 2:3 和 4:1 的比例下，与原来仓储大小相比，未探索学习的存储位置增加，导致基于学习的机器人指派策略性能下降。图 4-10 显示，与不同仓储规模下的其他指派策略相比，本章所提 FSFAP 下的压力持续时间保持在了较低水平。

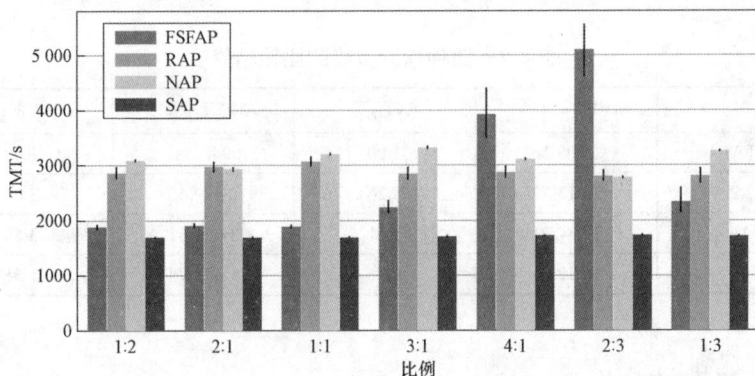

图 4-9　$t=240$ min 时不同过道和交叉过道数量比例下的 TMT

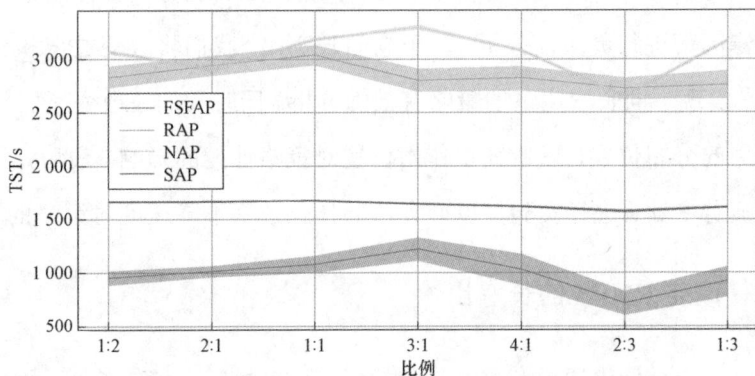

图 4-10　$t=240$ min 时不同过道和交叉过道数量比例下的 TST

4.5.3.2　改变疲劳参数

不同挑拣员的工作效率不同，同时在受疲劳程度影响下，工作效率的下降速度也不同。为分析所提策略在不同疲劳常数下所能实现的挑拣员压力管理能力，本研究通过调节人类模型中的疲劳常数 λ 来改变疲劳敏感度，比较结果如图 4-11 和图 4-12 所示。

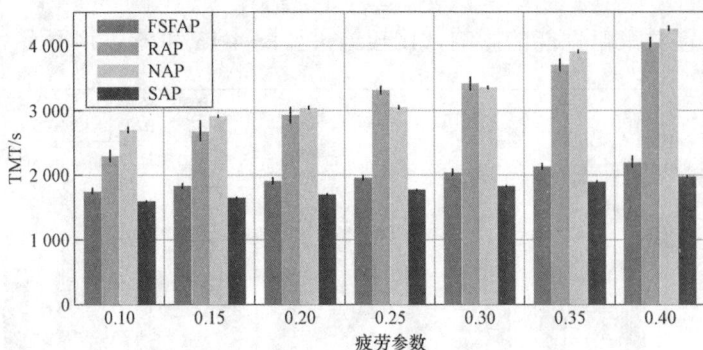

图 4-11　t=240 min 时不同疲劳参数下的 TMT

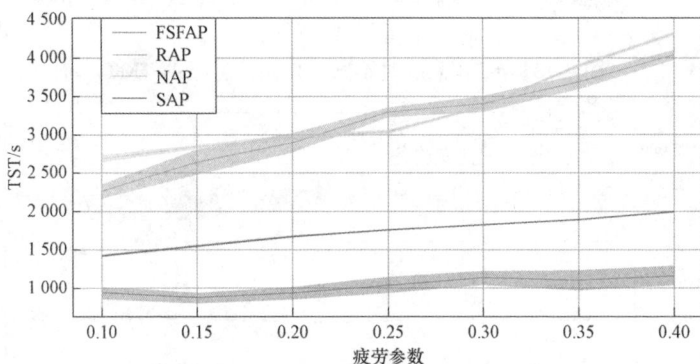

图 4-12　t=240 min 时不同疲劳参数下的 TST

由图 4-11 可知，系统总订单完成时间随着挑拣员疲劳参数的增加而增加。其中，相比于 RAP 和 NAP，FSFAP 和 SAP 始终保持相对较高的效率，且总订单完成时间也没有太大差别。FSFAP 在保证效率的同时具有最小的压力波动，体现出本章所提策略可以根据不同生理状态下挑拣员的工作效率有效调整机器人指派频率，以减少指派频率超出挑拣员作业能力情况的发生，有效地实现疲劳 − 压力管理。

4.5.3.3　改变工作站位置

仓库周围工作站的位置决定了机器人可能的运输距离并影响系统的效率。为此，本章将研究仓储中两个工作站所有可能的位置分布形式，以分析工作站位置对策略性能的影响，比较结果如图 4-13 和图 4-14 所示。

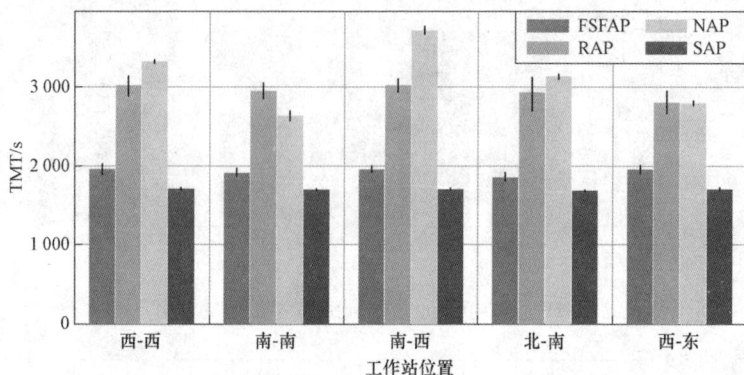

图 4-13 t=240 min 时不同工作站位置下的 TMT

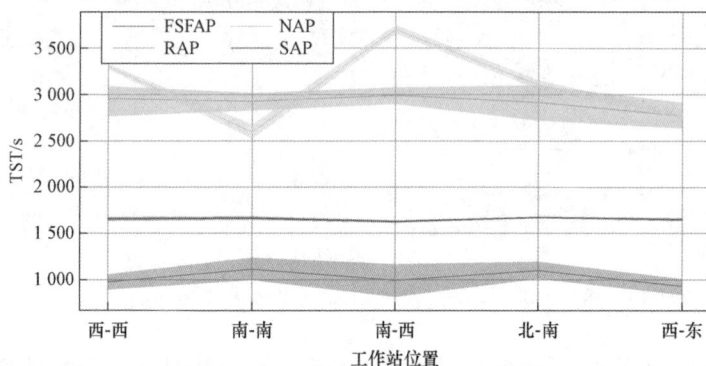

图 4-14 t=240 min 时不同工作站位置下的 TST

由图 4-13 可以看出，采用 FSFAP 和 SAP 时，工作站位置的改变对系统效率的影响不大，且相比 RAP 和 NAP 可以保证较高的系统效率。图 4-14 中，FSFAP 的压力管理始终保持在最低水平且波动很小。这表明所提策略在机器人指派决策时可以有效地考虑挑拣员生理状态，当工作站的位置发生变化时，所提策略可以在保证系统效率的同时实现挑拣员疲劳－压力的有效管理。

表 4-3～表 4-5 总结了工作站位置、长宽比以及挑拣员疲劳积累速率三个因素在不同设置下的系统总订单完成时间和挑拣员总压力持续时间。敏感

性分析显示出无论因素如何变化,本章所提基于学习的机器人指派策略都能在理想的挑拣员压力水平管理下保证 RMFS 订单拣选效率。体现出研究所提基于强化学习方法的有效性,以及基于挑拣员生理状态进行机器人指派或暂停指派决策思路的合理性。

表 4-3　n_a 和 n_{ca} 灵敏度分析实验结果

方法	n_a=1, n_{ca}=2		n_a=2, n_{ca}=1		n_a=1, n_{ca}=1		n_a=3, n_{ca}=1		n_a=4, n_{ca}=1		n_a=2, n_{ca}=3		n_a=1, n_{ca}=3	
	TMT	TST	TMT	TST	TMT	TST	TMT	TST	TMT	TST	TMT	TST	TMT	TST
FSFAP	1 884	952	1 910	1 013	1 890	1 078	2 237	1 220	3 929	1 029	5 102	715	2 340	921
RAP	2 861	2 820	2 975	2 942	3 071	3 045	2 848	2 801	2 876	2 825	2 804	2 725	2 809	2 761
NAP	3 088	3 073	2 933	2 913	3 203	3 186	3 322	3 303	3 111	3 084	2 780	2 651	3 261	3 173
SAP	1 700	1 664	1 697	1 663	1 696	1 677	1 711	1 647	1 726	1 622	1 734	1 576	1 717	1 613

表 4-4　疲劳参数 λ 灵敏度分析实验结果

方法	λ=0.1		λ=0.15		λ=0.20		λ=0.25		λ=0.3		λ=0.35		λ=0.4	
	TMT	TST	TMT	TST	TMT	TST	TMT	TST	TMT	TST	TMT	TST	TMT	TST
FSFAP	1 746	937	1 831	874	1 909	931	1 956	1 029	2 036	1 130	2 130	1 099	2 195	1 151
RAP	2 294	2 258	2 678	2 638	2 930	2 892	3 315	3 294	3 416	3 406	3 701	3 689	4 049	4 040
NAP	2 701	2 682	2 912	2 839	3 039	2 967	3 050	3 038	3 355	3 363	3 907	3 898	4 262	4 317
SAP	1 593	1 418	1 650	1 543	1 701	1 667	1 768	1 754	1 826	1 821	1 895	1 889	1 977	1 993

表 4-5　工作站位置灵敏度分析实验结果

方法	西-西		南-南		南-西		北-南		西-东	
	TMT	TST	TMT	TST	TMT	TST	TMT	TST	TMT	TST
FSFAP	1 963	979	1 916	1 114	1 959	994	1 858	1 098	1 957	932
RAP	3 024	2 951	2 949	2 922	3 021	2 986	2 931	2 910	2 805	2 764
NAP	3 320	3 296	2 636	2 591	3 716	3 702	3 135	3 100	2 794	2 767
SAP	1 712	1 652	1 702	1 660	1 708	1 624	1 688	1 669	1 709	1 647

4.6　本章小结

本章针对挑拣员面对大订单集合,长时间货物挑拣情况,提出了面向挑拣员疲劳和压力管理的研究框架。首先，在第 3 章压力水平检测的基础上，引入了反映人体疲劳程度的心率信号，实现对挑拣员疲劳－压力状态的快速、准确识别。之后提出了基于 QMIX 的多智能体强化学习方法，通过每次指派决策的时间成本，压力水平以及行为修正项建立机器人指派行为的奖励函数，最终获得了基于机器人自主决策的指派策略，实现了订单拣选过程中挑拣员疲劳和压力的有效管理，具体表现在：① 挑拣员工间休息制度的确定。机器人可以在疲劳积累过高和压力过载之前，分配短暂的休息时间，以降低疲劳和压力水平；② 重新规划任务分配，以适配不同工人的效率。所进行的基准策略比较研究和灵敏性分析可以得出以下结论：

（1）所设计的面向挑拣员疲劳－压力管理的机器人指派策略，借助可穿戴传感器，可以实现压力和疲劳的实时管理。并且可以为仓储管理者提供更注重疲劳－压力水平缓解和更注重系统挑拣效率-挑拣员福祉均衡的两种方案。

（2）本章提出的机器人指派策略具有一定的鲁棒性，在仓储布局，工作站位置，挑拣员疲劳常数发生变化时，可以保证机器人指派策略的有效性以及优势。

（3）虽然所有被评估策略的性能都会随着疲劳的累积而下降，但在所有机器人指派策略的测试中，本章所提机器人指派策略受疲劳的影响最小，压力水平最低且波动最小。也就是说，该策略可以很好地实现挑拣员疲劳和压力水平的管理，同时也在一定程度上提高了挑拣员的耐力。

第 5 章　基于干扰观测器的仓储机器人轨迹跟踪鲁棒控制

5.1　本章引言

机器人指派及机器人货架搬运作为 RMFS 人机协作订单拣选过程中最主要的两个组成部分，是工作站挑拣员货物拣选作业顺利进行的前提及保障，共同决定着 RMFS 订单拣选效率。在前文的研究中，围绕机器人指派问题，提出了兼顾挑拣员生理状态及订单拣选效率的机器人指派策略强化学习方法。本章将围绕货架搬运过程中的机器人轨迹跟踪控制展开研究，以保证被指派机器人能够平稳高效地将货架搬运至目标工作站位置，确保挑拣员货物拣选工作的顺利开展。

在货架搬运过程中，结构灵活、响应快速的轮式移动机器人通过轨迹跟踪控制方法到达指定工作站位置。物流仓储环境中广泛应用的轮式移动机器人本质上是一个复杂的多输入多输出系统，输入输出变量间的耦合作用增加了轨迹跟踪控制的难度。同时，由于外部扰动、测量和建模误差，实际搬运过程中机器人磨损、发热等现象导致的参数摄动，以及仓储机器人需要时常面对的负载变化或负载非平衡负载状况造成的系统模型参数变动，使基于理想模型设计的控制器难以满足 RMFS 中高精度的跟踪控制要求。

因此，本章针对具有参数不确定的非完整轮式移动机器人鲁棒轨迹跟踪问题展开研究，采用主动扰动抑制控制策略，引入干扰观测结构。基于所提的简化广义 Kharitonov 定理，提出了一种干扰观测器和速度控制器参数可行域确定的图像分析方法。仿真试验验证了所提方法在面对外界扰动以及被控对象有较大参数摄动时，仍可以保证轨迹跟踪控制的有效性。

5.2　问题描述

轮式移动机器人结构形式多样、配置灵活，根据轮式机器人的运动自由度和舵向自由度，Campion 等将轮式移动机器人分为五类，并给出了详细的结构和模型分析[162]。考虑到仓储移动机器人货架搬运，原地转弯等实际应用需求，本研究采用两轮差动驱动移动机器人，其结构示意图如图 5-1 所示。该机器人运动主要依靠左右两驱动轮以及一个前置的万向轮实现，其中每个驱动轮由各自的直流伺服电机独立驱动，并可以通过调节驱动电机的输入电压控制车轮转速、转向以及两驱动轮的速度差，从而实现各种形式的运动。当两驱动轮转速相同，方向相反时，机器人可原地转弯，辅助万向轮起支撑作用，并不产生驱动力。

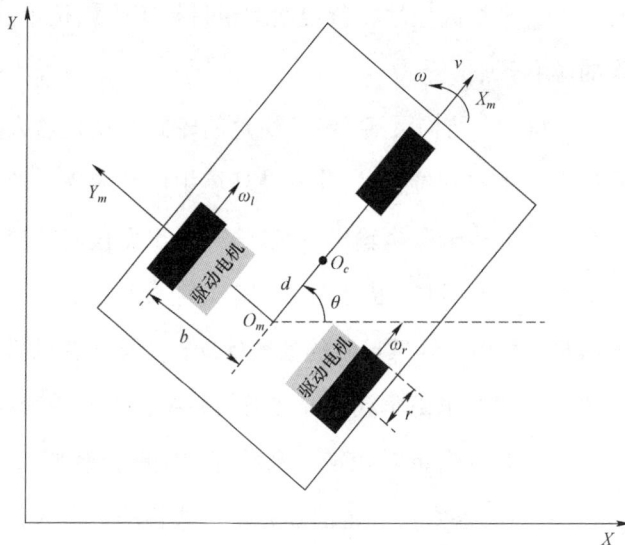

图 5-1　轮式移动机器人结构示意图

　　轮式移动机器人系统可以视为一个混合模型系统，从系统层次结构上可以分解建模为运动学模型、动力学模型以及驱动模型[163]，如图 5-2 所示。运动学模型是一种研究机器人运动几何规律的模型，在建立模型时关注速度位移之间的关系，通常不进行受力分析。基于 WMR 运动学模型的轨迹跟踪控制，是以机器人动力学模型完全可知，且满足"完美速度跟踪"的假设为前提[117]。但在实际轨迹跟踪控制中普遍存在外界干扰和模型参数摄动等不确定因素，影响机器人的轨迹跟踪控制性能。

电机电压 → 驱动模型 → 车轮扭矩 → 动力学模型 → 实际速度 → 运动学模型 → 实际位姿

图 5-2　轮式移动机器人三个层面模型

　　动力学模型主要根据机器人受力和能量情况解释其运动规律，是更为本质的模型。驱动器模型则进一步解释在电流电压等控制信号下，车轮扭矩的变化规律。更接近 WMR 的实际控制[123,164]。因此，本章将结合车轮驱动器建立两轮差动驱动轮式移动机器人的动力学模型。从动力学层面对 WMR 轨迹跟踪控制进行分析，针对动力学模型提出基于干扰观测器的控制策略。下面给出轮式移动机器人的动力学模型。

　　图 5-1 中，$\{XOY\}$ 表示固定在机器人所在平面上的惯性坐标系，选取机器人两驱动轮轴线中点 O_m 为参考点，并建立局部坐标系 $\{X_m O_m Y_m\}$。O_c 为机器人质心，与 O_m 间距离为 d。机器人在惯性坐标系内的位姿可以描述为 $q = [x, y, \theta]^T$，其中 $[x, y]^T$ 为参考点 O_m 在 $\{XOY\}$ 内的坐标，θ 为两坐标系横轴正向夹角，即机器人的方向角。假设机器人车轮为无变形的刚体，r 为车轮半径，ω_l 和 ω_r 分别为左右驱动轮角速度，任意驱动轮到 X_m 轴距离为 b，v 为移动机器人前进线速度，ω 为机器人航向角速度。

　　假设车轮与地面为点接触，当车轮运动无横向滑动时，机器人运动满足如下非完整约束条件：

$$A(q)q = [-\sin\theta, \cos\theta, 0]\begin{bmatrix} x \\ y \\ \theta \end{bmatrix} = 0 \tag{5-1}$$

式（5-1）表明，机器人在 X_m 轴和 Y_m 轴方向速度为零。

当轮式移动机器人车轮与地面无纵向滑转时，应满足如下约束方程：

$$x\cos\theta + y\sin\theta + b\theta = r\omega_r \tag{5-2}$$

$$x\cos\theta + y\sin\theta - b\theta = r\omega_l \tag{5-3}$$

根据图 5-1 以及非完整约束，WMR 在 $\{XOY\}$ 中的运动学模型为：

$$q = S(q)v = \begin{bmatrix} \cos\theta & 0 \\ \sin\theta & 0 \\ 0 & 1 \end{bmatrix}\begin{bmatrix} v \\ \omega \end{bmatrix} \tag{5-4}$$

轮式移动机器人通过调节左右驱动轮输入电压控制驱动电机输出力矩，改变车轮驱动力，进而控制机器人运行速度。本研究以左右驱动器输入电压向量 $U = [U_r, U_l]$ 作为控制输入，机器人运动速度 $v = [v, \omega]$ 为输出，建立 WMR 的动力学模型[165,166]。

根据 Lagrange 方程，非完整约束下 WMR 动力学模型可以表示为：

$$M(q)q + V(q,q)q + F(q) + G(q) + \tau_d = B(q)\tau_p - A^T(q)c \tag{5-5}$$

其中，$M(q) \in \mathbf{R}^{3\times3}$ 为系统惯性矩阵；$V(q,q) \in \mathbf{R}^{3\times3}$ 表示哥氏力和离心力矩阵；$F(q)$，$G(q)$ 和 τ_d 分别为摩擦项，重力项以及外界扰动项；$\tau_p = [\tau_{p_1}, \tau_{p_2}]^T$ 为系统两驱动轮驱动力向量，是系统输入向量。$B(q) \in \mathbf{R}^{3\times2}$ 为对应的输入传递矩阵；c 为系统约束力向量，$A^T(q)$ 是系统约束向量。考虑到移动机器人在仓储水平地面上运行，重力项设置为零；并把摩擦项 $F(q)$ 视为一个干扰项，有 $\tau_d' = \tau_d + F(q)$。

将式（5-4）带入式（5-5）中，动力学模型可以进一步表示为：

$$M(q)[S(q)v + S(q)v] + V(q,q)[S(q)v] + \tau_d' = B(q)\tau - A^T(q)c \tag{5-6}$$

根据 $A(q)S(q) = 0$，消除式（5-6）中的约束力向量 c，有：

$$M'(q)\dot{v}+V'(q,\dot{q})v+S^T(q)\tau'_d=B'(q)\tau \qquad (5\text{-}7)$$

其中，$M'(q)=S^T(q)M(q)S(q)=\begin{bmatrix} m & 0 \\ 0 & md^2+I_v \end{bmatrix}$，$V'(q,q)=\begin{bmatrix} 0 & -md\omega \\ md\omega & 0 \end{bmatrix}$，

$B'(q)=S^T(q)B(q)=\begin{bmatrix} 1/r & 1/r \\ b/r & -b/r \end{bmatrix}$。其中，$m$ 为机器人质量，I_v 为机器人的转

动惯量。

根据力矩平衡原理，轮轴上的动态特性可以表示为：

$$\begin{bmatrix} \tau_1 \\ \tau_2 \end{bmatrix}=\begin{bmatrix} \tau_r \\ \tau_l \end{bmatrix}-J_w\begin{bmatrix} 1/r & b/r \\ 1/r & -b/r \end{bmatrix}\begin{bmatrix} v \\ \omega \end{bmatrix}-k_w\begin{bmatrix} 1/r & b/r \\ 1/r & -b/r \end{bmatrix}\begin{bmatrix} v \\ \omega \end{bmatrix} \qquad (5\text{-}8)$$

其中，τ_l 和 τ_r 分别为左右驱动电机输出力矩，J_w 为驱动轮的转动惯量，k_w 为驱动轮轴黏性摩擦系数。

驱动电机的电磁力学模型可以表示为：

$$\begin{bmatrix} U_r \\ U_l \end{bmatrix}=K_e\begin{bmatrix} 1/r & b/r \\ 1/r & -b/r \end{bmatrix}\begin{bmatrix} v \\ \omega \end{bmatrix}+\frac{L}{K_m}\begin{bmatrix} \tau_r \\ \tau_l \end{bmatrix}+\frac{R_a}{K_m}\begin{bmatrix} \tau_r \\ \tau_l \end{bmatrix} \qquad (5\text{-}9)$$

其中，K_e 为电动势常数，L 为电机等效电感，K_m 为电机电磁力矩常数，R_a 为电机电枢电阻。

由式（5-7）～式（5-9），可得由驱动轮电机输入电压到机器人移动速度的动力学模型为[165]：

$$U=H_v v+H_v v+H_v v-D \qquad (5\text{-}10)$$

其中，D 为摩擦项和干扰项的相关矩阵，$H_v=\begin{bmatrix} \xi_1+\xi_2+\xi_3\omega+\xi_4\omega \\ \xi_1+\xi_2-\xi_3\omega-\xi_4\omega \end{bmatrix}$

$\begin{matrix} b(\xi_1+\xi_2-\xi_3\omega-\xi_4\omega) \\ b(-\xi_1-\xi_2-\xi_3\omega-\xi_4\omega) \end{matrix}\Big]$，$H_v=\begin{bmatrix} \xi_5+\xi_6\omega+\xi_7+\xi_8 & b(\xi_5-\xi_6\omega+\xi_8)+\xi_9 \\ \xi_5-\xi_6\omega+\xi_7+\xi_8 & -b(\xi_5-\xi_6\omega-\xi_8)-\xi_9 \end{bmatrix}$，

$H_v=\begin{bmatrix} \xi_{10}+\xi_{11} & b\xi_{10}+\xi_{12} \\ \xi_{10}+\xi_{11} & -b\xi_{10}+\xi_{12} \end{bmatrix}$。其中，$\xi_1=\dfrac{K_e}{r}$，$\xi_2=\dfrac{R_a k_w}{rK_m}$，$\xi_3=\dfrac{R_a dmr}{2bK_m}$，

$\xi_4=\dfrac{Ldmr}{2bK_m}$，$\xi_5=\dfrac{Lk_w}{rK_m}$，$\xi_6=\dfrac{Ldmr}{2bK_m}$，$\xi_7=\dfrac{R_a mr}{2K_m}$，$\xi_8=\dfrac{J_w R_a}{rK_m}$，$\xi_9=\dfrac{R_a I_v r}{2bK_m}$，

$\xi_{10}=\dfrac{LJ_w}{rK_m}$，$\xi_{11}=\dfrac{Lmr}{2K_m}$，$\xi_{12}=\dfrac{LI_v r}{2bK_m}$。

邓哲宇[165]通过辨识获得了所研究 WMR 中的物理参数值，并发现在实际系统中，耦合项 ξ_3、ξ_4 和 ξ_6 比其余元素小三个数量级，而机器人运行中，为保证系统安全性，角速度及角加速度设置较低，从而忽略了耦合项对系统动力学模型的影响，得出了如下动力学模型：

$$\begin{bmatrix} v \\ \omega \end{bmatrix} = \begin{bmatrix} \dfrac{41.666\,7}{s^2+105.832\,9s+1{,}020.61} & \dfrac{41.666\,7}{s^2+105.832\,9s+1{,}020.61} \\ \dfrac{341.9973}{s^2+105.746s+1{,}499.52} & \dfrac{-341.9973}{s^2+105.746s+1{,}499.52} \end{bmatrix} \begin{bmatrix} U_r \\ U_l \end{bmatrix} + D$$

(5-11)

式（5-11）表明，WMR 的动力学模型 G_m 可以建模为两输入两输出（Two-Input-Two-Output）的多变量系统，且有 $G_{m_{11}}(s)=G_{m_{12}}(s)$，$G_{m_{21}}(s)=-G_{m_{22}}(s)$。考虑到测量误差，外界扰动，磨损老化等因素，动力学模型中参数存在不确定性。因此，难以获得物理参数的准确值。然而，在实际系统中，可以通过估计获得参数的取值范围。因此，本章研究参数摄动下，如式（5-12）形式的动力学模型：

$$\begin{bmatrix} v \\ \omega \end{bmatrix} = G(s)\begin{bmatrix} U_r \\ U_l \end{bmatrix} = \begin{bmatrix} \dfrac{\beta_{11}^0}{\alpha_{11}^2 s^2+\alpha_{11}^1 s+\alpha_{11}^0} & \dfrac{\beta_{11}^0}{\alpha_{11}^2 s^2+\alpha_{11}^1 s+\alpha_{11}^0} \\ \dfrac{\beta_{22}^0}{\alpha_{22}^2 s^2+\alpha_{22}^1 s+\alpha_{22}^0} & \dfrac{-\beta_{22}^0}{\alpha_{22}^2 s^2+\alpha_{22}^1 s+\alpha_{22}^0} \end{bmatrix}\begin{bmatrix} U_r \\ U_l \end{bmatrix} + D$$ (5-12)

其中，$\beta_{ii}^0 \in R$ 和 $\alpha_{ii}^z \in R$（$z=0,1,2; i=1,2$）是移动机器人物理参数（M，J_m，L，r 等）的函数，并假设 β_{ii}^0 和 α_{ii}^z 在已知的不包含零的区间内独立取值，表示为 $\beta_{ii}^0 \in [\beta_{ii}^{0-}, \beta_{ii}^{0+}]$ 和 $\alpha_{ii}^z \in [\alpha_{ii}^{z-}, \alpha_{ii}^{z+}]$。同时，WMR 在搬运过程中将受到外界干扰项 D 的影响。因此，本章针对 RMFS 中基于轨迹跟踪控制的轮式移动机器人货架搬过程,在所建立的动力学模型参数有较大摄动和外界扰动的情况下，引入干扰观测器结构，并确定使得轮式移动机器人可以稳定搬运的干扰观测器和速度控制器参数可行域。

5.3　干扰观测器可行域

5.3.1　基于 DOB 的控制系统基本结构

基于干扰感测器的控制系统结构主要由外环反馈回路和内环回路的 DOB 结构组成，如图 5-3 所示。图 5-3 中，r、u_c、u、d、d_f 和 y 分别为参考信号，反馈控制器输出，实际对象输入，外部干扰，DOB 的干扰估计值以及系统输出。虚线框内的 DOB 结构由标称模型的逆 $G_m^{-1}(s)$ 以及低通滤波器（Low pass filter，LPF）$Q(s)$ 构成，其工作原理是估计由外界干扰和模型不确定性构成的集总干扰，通过前馈为操纵变量 u_c 引入相应的补偿，抵消干扰影响，从而将实际对象 $G(s)$ 近似为标称模型 $G_m(s)$，基于标称模型设计反馈控制器 $C(s)$。低通滤波器 $Q(s)$ 用于解决标称模型的逆物理不可实现问题，并抑制测量噪声。接下来，对 DOB 的扰动抑制能力进行具体分析。

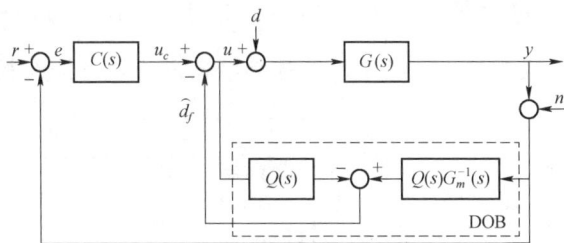

图 5-3　基于 DOB 的控制系统结构

根据图 5-3，系统输出可以表示为：

$$y(s) = G_{u_c y}(s)u_c(s) + G_{dy}(s)d(s) + G_{ny}(s)n(s) \tag{5-13}$$

其中，$G_{u_c y}(s)$、$G_{dy}(s)$ 和 $G_{ny}(s)$ 分别为操纵变量，外界干扰和测量噪声到系统输出的传递函数，具体表示为：

$$G_{u_c y}(s) = G(s)[1 + G_m^{-1}(s)Q(s)G(s) - Q(s)]^{-1} \tag{5-14}$$

$$G_{dy}(s) = G(s)[1 + G_m^{-1}(s)Q(s)G(s) - Q(s)]^{-1}[1 - Q(s)] \qquad (5-15)$$

$$G_{ny}(s) = G(s)G_m^{-1}(s)[1 + G_m^{-1}(s)Q(s)G(s) - Q(s)]^{-1}Q(s) \qquad (5-16)$$

由式（5-14）可知，如果 $Q(s)$ 在低频段，带宽满足 $Q(s) \approx 1$，则有 $G_{u_c y}(s) \approx G_m(s)$ 以及 $G_{yd}(s) \approx 0$，这表明 DOB 的引入可以保证被控对象在低频段近似为标称模型，并且可以消除外界干扰对系统输出的影响。基于这一特性，可以针对反馈控制器和 DOB 单独设计，通过调整各自的参数调节设定点跟踪和抗干扰能力，这对轮式移动机器人在仓储中的实际应用非常方便。另外，如果 $Q(s)$ 在高频段，带宽满足 $Q(s) \approx 0$，则有 $G_{ny}(s) \approx 0$，表明 DOB 可以降低高频测量噪声对系统输出的影响。

本研究将借助 DOB 在扰动抑制方面的优势，针对具有参数不确定性的 WMR 动力学模型，从频域角度出发设计鲁棒干扰观测器，以解决轨迹跟踪控制中遇到的外界干扰、负载变化以及参数摄动等问题。

5.3.2 动力学模型的 DOB 设计

现有的基于 DOB 的控制方法大多是针对单变量系统进行研究，针对多变量系统设计 DOB 的研究较为稀少[167]。针对式（5-11）这一两输入两输出的动力学模型，采用如图 5-4 所示的控制结构进行轨迹跟踪控制。

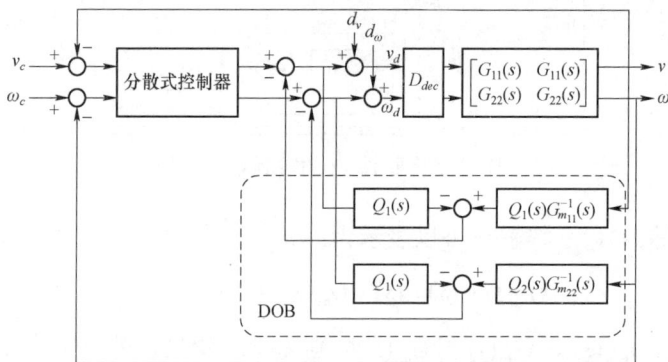

图 5-4　基于 DOB 的动力学模型控制系统

图 5-4 中，$v_c = [v_c, \omega_c]$ 为速度控制器输出，$u_d = [v_d, \omega_d]$ 为动力学控制器

输出，$v = [v, \omega]$ 为机器人实际线速度和角速度，$d = [d_v, d_\omega]$ 为外部扰动。D_{dec} 为静态解耦矩阵，实现速度的独立控制。当模型匹配时，解耦后的系统模型为：

$$G_d(s) = G(s)D_{dec} = \begin{bmatrix} G_{11}(s) & G_{11}(s) \\ G_{22}(s) & -G_{22}(s) \end{bmatrix} \begin{bmatrix} 1/2 & 1/2 \\ 1/2 & -1/2 \end{bmatrix}$$

$$= \begin{bmatrix} \dfrac{\beta_{11}^0}{\alpha_{11}^2 s^2 + \alpha_{11}^1 s + \alpha_{11}^0} & 0 \\ 0 & \dfrac{\beta_{22}^0}{\alpha_{22}^2 s^2 + \alpha_{22}^1 s + \alpha_{22}^0} \end{bmatrix} \tag{5-17}$$

由式（5-17）可知：

$$\begin{cases} G_{d_{11}}(s) = G_{m_{11}}(s) \\ G_{d_{22}}(s) = -G_{m_{22}}(s) \end{cases} \tag{5-18}$$

针对 $G_d(s)$ 的主对角元素设计干扰观测器，第 i 条回路的干扰观测器中低通滤波器 $Q_i(s)$ 设计为：

$$Q_i(s) = \frac{N_{Q_1}(s)}{D_{Q_1}(s)} = \mathrm{e}^{-sT_n} \frac{1}{1 + \sum_{r=1}^{r.dep(G_{d_{ii-}})} \lambda_r^i s^r} \prod_{k=1}^{n_z} \left(\frac{z_k - s}{\overline{z}_k + s} \right) \tag{5-19}$$

其中，T_n 为 $G_{m_{11}}$ 中的时滞常数，$\lambda_r^i > 0$ 是滤波器时间常数，$r.dep(G_{d_{ii-}})$ 为标称模型 $G_{m_{11}}$ 的相对阶数，以保证 $Q_i(s)G_{d_{ii}}^-(s)$ 可实现，z_k 为 $G_{m_{11}}$ 中的右半平面零点，$\overline{z}_k$ 为零点的共轭复数。

当模型失配时，静态解耦矩阵 D_{dec} 不能完全消除回路耦合的影响，即 $G(s)D_{dec}$ 不为对角矩阵，此时，$G(s)D_{dec}$ 记为 $G'_d(s)$。本研究将速度耦合视为系统扰动，基于 $G_d(s)$ 中主对角线元素设计了 DOB，在其集总扰动估计中，除外界扰动和模型误差导致的内部扰动外，还将包含由回路耦合导致的内部扰动[168]。

具体地，以线速度回路 $v_c - v$ 为例进行分析。将输入扰动 $d_1(s)$ 等效变换为通过扰动通道 $H_1(s)$ 的输出扰动 $d_{ex_1}(s)$，并施加到系统输出。同时，考虑模型误差和回路耦合的影响，可知，$v_c - v$ 回路的集总扰动为：

$$d_{sum1}(s) = d_{ex_1}(s) + d_{m_1}(s) + d_{c_1}(s) \tag{5-20}$$

$$d_{m_1}(s) = (G_{m_{11}}(s) - G'_{d_{11}}(s))v_d(s) \tag{5-21}$$

$$d_{c_1}(s) = G'_{d_{12}}(s)\omega_d(s) \tag{5-22}$$

基于集总扰动，v_c–v 回路输出表示为：

$$v(s) = G_{m_{11}}(s)v_d(s) + d_{sum1}(s) \tag{5-23}$$

当不存在测量噪声时，有集总扰动的估计值：

$$d_{sum1}(s) = Q(s)G_{m_{11}}^{-1}(s)v(s) - Q(s)v_d(s) \tag{5-24}$$

将式（5-23）带入式（5-24）中，有：

$$d_{sum1}(s) = Q(s)G_{m_{11}}^{-1}(s)d_{sum1}(s) \tag{5-25}$$

定义 $d_e(s)$ 为集总扰动实际值和估计值的误差，有：

$$d_e(s) = d_{sum1}(s) - G_m(s)d_{sum1}(s) \tag{5-26}$$

根据终值定理，有：

$$\begin{aligned}
d_e(\infty) &= \lim_{s \to 0} sd_e(s) \\
&= \lim_{s \to 0}[1 - Q(s)]\lim_{s \to 0} sd_{sum1}(s) \\
&= \lim_{s \to 0}[1 - Q(s)]d_{sum1}(\infty)
\end{aligned} \tag{5-27}$$

由式（5-27）可知，当 $Q_1(s)$ 稳态增益为 1 且输入扰动 $d_1(s)$ 及其导数均有界时，可以得出 $d_e(\infty) = 0$。鉴于角速度回路 ω_c–ω 与线速度 v_c–v 的相似性，ω_c–ω 回路有相似的结论，这里不再赘述。

因此，低通滤波器的动态特性直接与 DOB 的扰动估计性能相关。为了在较宽的频率范围内可以借助 DOB 在集总扰动 $d_{sum}(s)$ 估计上的优点，希望采用带宽尽可能高的低通滤波器。但在内环回路中，低通滤波器的设计，既需要关注干扰抑制效果的提升，还需要考虑系统鲁棒性，在两者之间做出折中[169,170]。本章将针对具有参数不确定的动力学模型，提出简化的广义 Kharitonov 定理，并给出一种图像分析方法，确定实现内环鲁棒稳定的滤波器参数可行解，为干扰观测器参数整定提供一种直观有效的方法。在提出干扰观测器参数整定方法前，先给出广义 Kharitonov 定理的相关定义[171]。

5.3.3　广义 Kharitonov 定理的相关定义

考虑如下形式的多项式：

$$\delta(s) = F_1(s)P_1(s) + \cdots + F_l(s)P_l(s) + \cdots + F_g(s)P_g(s), \ \ l = 1, \cdots, g \tag{5-28}$$

$$P_l(s) := p_{l,0} + \cdots + p_{l,i}s + \cdots + p_{l,d(P_l)}s^{d(P_l)}, \ \ i = 0, \cdots, d(P_l) \tag{5-29}$$

其中，多项式 $F_l(s)$, $l = 1, \cdots g$ 为参数固定的实数/复数多项式或拟多项式（Quasipolynomial），$P_l(s)$ 为实数区间多项式，其中 $d(P_l)$ 表示多项式 $P_l(s)$ 的阶数。针对式（5-28）有如下假设：

假设 5.1

（1）$P_l(s)$ 中每个系数在不包含零的区间内独立变化，记为 $p_{l,\zeta} \in [p_{l,\zeta}^-, p_{l,\zeta}^+]$。

（2）$\delta(s)$ 中的所有多项式保持阶次不变。

因此，每个 $P_l(s)$ 代表一个多项式族，其中所有参数的区间在参数空间内构成了一个高维结构体。当 $P_l(s)$ 中所有参数只在各自区间的顶点处取值时，称为顶点多项式，记为 $\hat{P}_l(s)$，且有 $\hat{P}_l(s) \subset P_l(s)$。此外，在 $\hat{P}_l(s)$ 中，可以进一步定义下述 4 个 Kharitonov 顶点多项式。

定义 5.1[171]　Kharitonov 顶点多项式

$$\begin{aligned}
K_l^1(s) &= p_{l,0}^- + p_{l,1}^- s + p_{l,2}^+ s^2 + p_{l,3}^+ s^3 + \cdots \\
K_l^2(s) &= p_{l,0}^- + p_{l,1}^+ s + p_{l,2}^+ s^2 + p_{l,3}^- s^3 + \cdots \\
K_l^3(s) &= p_{l,0}^+ + p_{l,1}^- s + p_{l,2}^- s^2 + p_{l,3}^+ s^3 + \cdots \\
K_l^4(s) &= p_{l,0}^+ + p_{l,1}^+ s + p_{l,2}^- s^2 + p_{l,3}^- s^3 + \cdots
\end{aligned} \tag{5-30}$$

基于 Kharitonov 顶点多项式，可以定义由四个顶点构成的 4 条棱边，定义为 Kharitonov 线段多项式。

定义 5.2[171]　Kharitonov 线段多项式

$$S_l(s) = \left\{ [K_l^i(s), K_l^j(s)], (i, j) \in \{(1,2), (1,3), (2,4), (3,4)\} \right\} \tag{5-31}$$

式（5-31）中，任意一条 Kharitonov 线段可以表示为 $S_l^{i,j}(s) = (1 - \mu)$

$K_l^i(s)+\mu K_l^j(s)$ ， $\mu \in [0,1]$ 。

基于定义 5.1 和定义 5.2，由式（5-28）可以分别定义如下广义 Kharitonov 顶点多项式和广义 Kharitonov 线段多项式。

定义 5.3[171]   广义 Kharitonov 顶点多项式

$$\Delta_K(s) = F_1(s)K_1(s) + F_2(s)K_2(s) + \cdots + F_g(s)K_g(s) \tag{5-32}$$

$$K_l(s) = \{K_l^1(s), K_l^2(s), K_l^3(s), K_l^4(s)\}, l=1,\cdots g \tag{5-33}$$

定义 5.4[171]   广义 Kharitonov 线段多项式

$$\Delta_E(s) = \bigcup_{l=1}^{g} \Delta_E^l(s), \quad l=1,\cdots g \tag{5-34}$$

$$\Delta_E^l(s) = F_1(s)\mathbf{K}_1(s) + \cdots + F_l(s)S_l(s) + \cdots + F_g(s)\mathbf{K}_g(s) \tag{5-35}$$

在本研究中，为方便起见，我们分别使用广义线段多项式和广义顶点多项式来指代广义 Kharitonov 线段多项式和广义 Kharitonov 顶点多项式。由式（5-32）和式（5-34）可以得出，$\Delta_K(s)$ 有 4^g 个不同的顶点多项式。而集合 $\Delta_E(s)$ 中有 $g4^g$ 个线段多项式，每个 $\Delta_E^l(s)$ 可以写为：

$$
\begin{aligned}
\Delta_E^{l_{pq}}(s) &= (1-\mu)\Delta_K^{l_p}(s)+\mu\Delta_K^{l_q}(s) \\
&= (1-\mu)[F_1(s)\mathbf{K}_1(s) + \cdots + F_l(s)\mathbf{K}_l^p(s) + \cdots + F_g(s)\mathbf{K}_g(s)] + \\
&\quad \mu[F_1(s)\mathbf{K}_1(s) + \cdots + F_l(s)\mathbf{K}_l^q(s) + \cdots + F_g(s)\mathbf{K}_g(s)]
\end{aligned} \tag{5-36}
$$

基于定义 5.1～定义 5.4，给出广义 Kharitonov 定理（Generalized Kharitonov Theorem，GKT）。

定理 5.1[171]   若 $\delta(s)$ 满足假设 5.1，则多项式族 $\delta(s)$ 是 Hurwitz 稳定的，当且仅当所有的广义 Kharitonov 线段多项式 $\Delta_E^l(s)$ 是稳定的。

因此，多项式族的稳定性判定变为对其中的广义线段多项式稳定性的研究。对于每个线段多项式，令 Ω 表示复平面内由 $\Delta_E^{l_{ij}}(s)$ 决定的稳定区域的开集，∂Ω 表示其边界；令 $\phi_{\Delta_K^{l_i}}(s^*)$ 和 $\phi_{\Delta_K^{l_j}}(s^*)$ 表示复数 $\Delta_K^{l_i}(s)$ 和 $\Delta_K^{l_j}(s)$ 的幅角。每个线段多项式的稳定性可以由以下引理保证。

引理 5.1[171]   令 $\Delta_K^{l_i}(s)$ 和 $\Delta_K^{l_j}(s)$ 在复平面区域 Ω 内是 Hurwitz 稳定的，并且对所有 $\mu \in [0,1]$，$\Delta_E^{l_{ij}}(s)$ 的阶数不变。那么以下结论相互等价：

（1）线段 $[\Delta_K^i(s), \Delta_K^j(s)]$ 是 Hurwitz 稳定的。

（2）$\Delta_E^{l_{ij}}(s^*) \neq 0$，对所有的 $s^* \in \partial\Omega$。

（3）$\left| \phi_{\Delta_K^i}(s^*) - \phi_{\Delta_K^j}(s^*) \right| \neq \pi$，对所有的 $s^* \in \partial\Omega$。

（4）对于 $s^* \in \partial\Omega$，$\phi_{\Delta_K^i}(s^*)/\phi_{\Delta_K^j}(s^*)$ 的复平面曲线不与负实轴相交。

以线速度回路 $v_c - v$ 为例进行分析，定义 $G_{d_{11}}(s) = N_{d_{11}}(s)D_{d_{11}}^{-1}(s)$，考虑 DOB 所在内环的稳定性，内环的特征多项式族为：

$$\delta_I(s) = N_{m_{11}}[D_{Q_1} - N_{Q_1}]D_{11} + N_{Q_1}D_{m_{11}}N_{11} \qquad (5\text{-}37)$$

依据定理 5.1，当且仅当 $\delta_I(s)$ 的所有广义线段多项式 Hurwitz 稳定时，内环稳定。并且，式（5-37）中仅含滤波器参数。这意味着通过每个线段多项式的稳定性分析，可以在参数空间内决定滤波器参数的可行域，为滤波器设计提供直观的整定范围。内环的广义线段多项式表示为：

$$\Delta_{I,E}(s) = \Delta_{I,E}^1(s) \bigcup \Delta_{I,E}^2(s) \qquad (5\text{-}38)$$

$$\Delta_{I,E}^1(s) = N_{m_{11}}[D_{Q_1} - N_{Q_1}]S_{11} + N_{Q_1}D_{m_{11}}N_{11}$$

$$\Delta_{I,E}^2(s) = N_{m_{11}}[D_{Q_1} - N_{Q_1}]D_{11} + N_{Q_1}D_{m_{11}}S_{11} \qquad (5\text{-}39)$$

其中，N_{11} 和 D_{11} 分别为 $G_{11}(s)$ 中，区间多项式 $N_{11}(s)$ 和 $D_{11}(s)$ 对应的 Kharitonov 顶点多项式集。$S_{D_{11}}$ 和 $S_{N_{11}}$ 分别是对应于 $N_{11}(s)$ 和 $D_{11}(s)$ 的 Kharitonov 线段多项式的集合。

然而，在分析中面临的主要挑战是需要判定 $\Delta_{I,E}(s)$ 中包含的 32 个广义线段多项式是 Hurwitz 稳定的。尽管引理 5.1 提供了确定线段多项式稳定的方法，但对所有线段多项式分析是相当复杂的。为了简化分析，本章提出以下简化定理。

定理 5.2　如果多项式族满足假设 5.1，则当且仅当中的所有广义 Kharitonov 顶点多项式都稳定时，内环稳定。

证明：

（1）充分性：

首先，为方便分析，将 $N_{m_{11}}$、$D_{m_{11}}$、D_{11} 和 N_{11} 表示为 N_m、D_m、D 和 N。多项式集合 $\Delta_{I,E}^1(s)$ 中的每个线段多项式可以表示为：

$$\Delta_{I,E}^{1_{i,j}}(s) = N_m[D_{Q_1} - N_{Q_1}][(1-\mu)D^i + \mu D^j] + N_{Q_1}D_{m_{11}}N^\varphi$$

$$= (1-\mu)\Delta_{I,K}^{1_i}(s) + \mu\Delta_{I,K}^{1_j}(s) \tag{5-40}$$

其中，$[i,j] \in \{[1,2],[1,3],[2,4],[3,4]\}$ 且 $\varphi = 1,2,3,4$。

引理 5.1（3）表明，线段多项式是稳定的，当且仅当线段多项式的阶次保持不变，端点多项式 Hurwitz 稳定，由稳定边界上任意一点计算的顶点多项式之间的相位差始终不为 π。这一条件被称为有界相位条件（Bounded phase condition）。此外，当特征方程的一对共轭复数根穿过虚轴时，内环将失去稳定性。因此，$s = j\omega$ 为特征方程的解所在复平面的稳定边界。此时，我们有复数 $\Delta_{I,E}^{1_{i,j}}(j\omega)$、$\Delta_{I,K}^{1_i}(j\omega)$ 和 $\Delta_{I,K}^{1_j}(j\omega)$。根据有界相位条件，为保证线段多项式 $\Delta_{I,E}^{1_{i,j}}(s)$ 稳定，应保证 $\omega \in [0,+\infty)$ 时，$\Delta_{I,K}^{1_i}(j\omega)$ 和 $\Delta_{I,K}^{1_j}(j\omega)$ 在复平面内的向量不反向。为方便分析，令 $S_{D_{11}}^{ij}N^\varphi$ 表示复数 $\Delta_{I,E}^{1_{i,j}}(j\omega)$，$D^iN^\varphi$ 和 D^jN^φ 分别表示复数 $\Delta_{I,K}^{1_i}(j\omega)$ 和 $\Delta_{I,K}^{1_j}(j\omega)$。以顶点多项式 D^jN^φ 为例，特征多项式可以表示为：

$$D^jN^\varphi = U_{j\varphi}(j\omega) + V_{j\varphi}(j\omega) \tag{5-41}$$

其中：

$$U_{j\varphi}(j\omega) = N_m(j\omega)[D_Q(j\omega) - N_Q(j\omega)]D^j(j\omega) \tag{5-42}$$

$$V_{j\varphi}(j\omega) = N_Q(j\omega)D_n(j\omega)N^\varphi(j\omega) \tag{5-43}$$

类似地，我们有 $D^iN^\varphi = U_{i\varphi}(j\omega) + V_{i\varphi}(j\omega)$ 且 $V_{j\varphi}(j\omega) = V_{i\varphi}(j\omega)$。

假设复数 D^jN^φ 和 D^iN^φ 在复平面中反向，则：

$$|D^jN^\varphi - D^iN^\varphi| = |D^jN^\varphi| + |D^iN^\varphi|$$

$$\Leftrightarrow |U_{j\varphi}(j\omega) - U_{i\varphi}(j\omega)| = |U_{j\varphi}(j\omega) + V_{j\varphi}(j\omega)| + |U_{i\varphi}(j\omega) + V_{i\varphi}(j\omega)| \tag{5-44}$$

$$\Rightarrow |U_{j\varphi}(j\omega) - U_{i\varphi}(j\omega)| \geqslant |U_{j\varphi}(j\omega)| + |U_{i\varphi}(j\omega)| + 2|V_{j\varphi}(j\omega)|$$

同时，由于 $V_{j\varphi}(j\omega) = V_{i\varphi}(j\omega)$，可以得出复数 $U_{j\varphi}(j\omega)$ 和 $U_{i\varphi}(j\omega)$ 在复平面中应该反向或同向。因此，我们有：

$$\text{反向}: |U_{j\varphi}(j\omega) - U_{i\varphi}(j\omega)| = |U_{j\varphi}(j\omega)| + |U_{i\varphi}(j\omega)|$$
$$\text{同向}: |U_{j\varphi}(j\omega) - U_{i\varphi}(j\omega)| = |U_{j\varphi}(j\omega)| + |U_{i\varphi}(j\omega)| \tag{5-45}$$

基于式（5-44）和式（5-45），可以得到：

$$\text{反向}: |V_{j\varphi}(j\omega)| \leqslant 0$$
$$\text{同向}: |V_{j\varphi}(j\omega)| + |V_{j\varphi}(j\omega)| \leqslant 0 \tag{5-46}$$

若式（5-46）成立，则在 $\omega \in [0, +\infty)$ 内，$V_{j\varphi}(j\omega) = 0$。然而，由式（5-43）可知，$V_{j\varphi}(j\omega)$ 在 $\omega \in [0, +\infty)$ 内，不能保证恒为 0。因此，复数 $D^{j}N^{\varphi}$ 和 $D^{i}N^{\varphi}$ 对应的复向量在复平面中反向的假设为假。根据引理 5.1，我们可以得出结论，当 $\Delta^{1_i}_{I,K}(s)$ 和 $\Delta^{1_j}_{I,K}(s)$ 稳定时，$\Delta^{1}_{I,E}(s)$ 中的线段多项式稳定。

考虑集合 $\Delta^{2}_{I,E}(s)$，通过类似的分析过程，我们也有结论：当两个广义顶点多项式稳定时，集合 $\Delta^{2}_{I,E}(s)$ 中的广义线段多项式是稳定的。

（2）必要性：

根据 GKT，如果内环稳定，则特征多项式 Hurwitz 稳定。相应地，所有广义 Kharitonov 顶点多项式均 Hurwitz 稳定。

定理 5.2 得证。

利用定理 5.2，$\delta_I(s)$ 的稳定性判定由需要分析 32 个广义线段多项式减少为仅需对 16 个广义顶点多项式的稳定性分析，工作量和分析复杂度都极大地减少。此外，基于广义顶点多项式的稳定性，也可以在参数空间内确定滤波器参数的可行域，进而能够在可行域内设计合适的低通滤波器参数。接下来，将给出参数空间内获得滤波器参数可行域的求解方法。

5.3.4　低通滤波器参数可行域求解

以主回路 $v_d - v$ 为例进行分析，式（5-17）中被控对象 $G_{d_{11}}(s)$ 相对阶为 2，即 $r \cdot d(G_{m_{11}}) = 2$，为使 $Q_1(s)G_{m_{11}}^{-1}(s)$ 可物理实现，设计滤波器 $Q_1(s)$ 形式为：

$$Q_1(s) = \frac{N_{Q_1}(s)}{D_{Q_1}(s)} = \frac{1}{\lambda_2 s^2 + \lambda_1 s + 1} \tag{5-47}$$

令 $x_{per} \in [0,1]$ 表示实际对象 $G_{11}(s)$ 中参数 α_{ii}^z 和 β_{ii}^0 的摄动比例，记为 $[\alpha_{ii}^z(1-x), \alpha_{ii}^z(1+x)]$ 和 $[\beta_{ii}^0(1-x), \beta_{ii}^0(1+x)]$。根据定理 5.2，可以得出滤波器参数的可行域应是由所有广义顶点多项式所确定稳定域的交集。对于每个广义顶点多项式，$s = j\omega$ 是该多项式对应的特征方程的根所在复数平面内的稳定边界线。将 $s = j\omega$ 带入广义顶点多项式，可得：

$$\Delta_{I,K}(\omega,\lambda,x) = \Delta_{I,K}^r(\omega,\lambda,x) + j\Delta_{I,K}^i(\omega,\lambda,x) = 0, \ \lambda > 0, \ \forall \omega \in R, x \in [0,1] \quad (5\text{-}48)$$

考虑参数 λ_1 和 λ_2，每个广义顶点多项式还可以表示为：

$$\Delta_{I,K}(\omega,\lambda_2,\lambda_1) = A(\omega)\lambda_1 + B(\omega)\lambda_2 + K(\omega) = 0 \quad (5\text{-}49)$$

其中，$A(\omega)$、$B(\omega)$ 以及 $K(\omega)$ 均为 $N(\omega)$、$D(\omega)$、$N_m(\omega)$ 和 $D_m(\omega)$ 的函数。根据式（5-48）和式（5-49），广义顶点多项式内有如下关系：

$$\begin{cases} \Delta_{I,K}^r(\omega,\lambda_2,\lambda_1) = A^r(\omega)\lambda_1 + B^r(\omega)\lambda_2 + K^r(\omega)=0 \\ \Delta_{I,K}^i(\omega,\lambda_2,\lambda_1) = A^i(\omega)\lambda_1 + B^i(\omega)\lambda_2 + K^i(\omega)=0 \end{cases} \quad (5\text{-}50)$$

式（5-53）称为稳定性方程[172]。同时，基于稳定性方程可以定义 Jacobi 矩阵：

$$J = \begin{bmatrix} \dfrac{\partial \Delta_I^r(\omega,\lambda_2,\lambda_1)}{\partial \lambda_1} & \dfrac{\partial \Delta_I^r(\omega,\lambda_2,\lambda_1)}{\partial \lambda_2} \\ \dfrac{\partial \Delta_I^i(\omega,\lambda_2,\lambda_1)}{\partial \lambda_1} & \dfrac{\partial \Delta_I^i(\omega,\lambda_2,\lambda_1)}{\partial \lambda_2} \end{bmatrix} \quad (5\text{-}51)$$

根据隐函数定理，若 Jacobi 矩阵非奇异，等式（5-50）有唯一解曲线。并且，当 $|J| < 0$ 时，稳定域位于曲线的右侧，当 $|J| > 0$ 时，稳定域位于曲线的左侧[173]。

对式（5-50）中的 λ_1 和 λ_2 进行求解，我们有：

$$\begin{cases} \lambda_1 = \dfrac{-B^r(A^iK^r - A^rK^i)}{A^r(A^iB^r - A^rB^i)} - \dfrac{K^r}{A^r} \\ \lambda_2 = \dfrac{A^iK^r - A^rK^i}{A^rB^i - A^iB^r} \end{cases} \quad (5\text{-}52)$$

根据式（5-52），随着 ω 在 $[0,+\infty)$ 内连续取值，每个顶点多项式可以在

$\lambda_1 - \lambda_2$ 平面上描绘一个稳定边界，并将平面划分为稳定和不稳定区域。此外，根据 $|J|$ 的符号，可以确定每个顶点多项式的稳定域。最后，根据定理 5.2，低通滤波器 $Q_1(s)$ 参数可行域是每个广义顶点多项式确定的稳定区的交集。

对于已知的实际对象，如果低通滤波器的带宽合适，$[G_{11}(s) - G_{m_{11}}(s)]Q_1(s)$ 在该频率范围内几乎不变，从而可以降低模型误差在中高频带来的影响。因此，可以根据不确定对象幅频特性曲线构成的包络线来选择带宽。对于参数不确定对象，包络线由广义 Kharitonov 系统生成，定义为：

$$P_E(s) = \frac{S_N}{D} \mathrm{e}^{-sT} \bigcup \frac{N}{S_D} \mathrm{e}^{-sT} \tag{5-53}$$

根据包络线，选择合适的滤波器带宽 ω_b，并根据 $|Q(\mathrm{j}\omega_b)| = 1$ 可在参数平面 $\lambda_1 - \lambda_2$ 内确定参数取值。回路 $\omega_d - \omega$ 中滤波器 $Q_2(s)$ 参数的整定方法同 $Q_1(s)$ 相似，这里不再赘述。

值得注意的是，具有不同相对阶次的对象滤波器形式不同，因而待整定的参数个数与分析难度不同。本研究建立的 WMR 动力学模型中各回路对象的相对阶为 2。但考虑到实际对象特性、建模方法等方面的差异，动力学模型中对象的相对阶次可能不同。为拓展本研究所提方法的适用范围，接下来分析对象模型在不同相对阶次下，滤波器参数可行域求解方法。

5.3.5　方法拓展

本小节将对 WMR 动力学模型中各回路对象相对阶次在 4 以内的不同情况进行分析，获得滤波器参数可行域求解方法。

情况 1： $r.\deg(G_n) = 1$

为了确保 $Q(s)G_{m_{11}}^{-1}(s)$ 项合理，低通滤波器 $Q_1(s)$ 的形式为：

$$Q_1(s) = \frac{N_{Q_1}(s)}{D_{Q_1}(s)} = \frac{1}{\lambda s + 1} \tag{5-54}$$

根据上一节所述的分析步骤，可以得到不同扰动比 x_{per} 的稳定性方程，如式（5-55）所示：

$$\begin{cases} \Delta_{I,K}^r(\omega,\lambda,x_{per}) = A^r(\omega)x_{per} + B^r(\omega)\lambda + C^r(\omega)x_{per}\lambda + E^r(\omega) = 0 \\ \Delta_{I,K}^i(\omega,\lambda,x_{per}) = A^i(\omega)x_{per} + B^i(\omega)\lambda + C^i(\omega)x_{per}\lambda + E^i(\omega) = 0 \end{cases} \tag{5-55}$$

由上式可得参数 x_{per} 和 λ 的表达式为：

$$\begin{cases} \lambda = \dfrac{-E^r - A^r x_{per}}{B^r + C^r x_{per}} \\ x_{per} = \dfrac{-N + \sqrt{H}}{2M} \end{cases} \; or \; \begin{cases} \lambda = \dfrac{-E^r - A^r x_{per}}{B^r + C^r x_{per}} \\ x_{per} = \dfrac{-N - \sqrt{H}}{2M} \end{cases} \tag{5-56}$$

其中：

$$M = A^i C^r - A^r C^i$$
$$N = A^i B^r - A^r B^i + C^r E^i - C^i E^r$$
$$H = N - 4M(B^r E^i - B^i E^r)$$

基于式（5-56），可以在参数空间 $x_{per} - \lambda$ 内确定每个广义顶点多项式的稳定边界线，并利用 Jacobi 矩阵行列式确定滤波器参数可行域。

情况 2： $r.\deg(G_n) = 3$ 或 4

当相对阶为 4 时，低通滤波器为：

$$Q_1(s) = \frac{N_{Q_1}(s)}{D_{Q_1}(s)} = \frac{1}{\lambda_4 s^4 + \lambda_3 s^3 + \lambda_2 s^2 + \lambda_1 s + 1} \tag{5-57}$$

考虑低通滤波器参数，内环特征多项式表示为：

$$\Delta_{I,K} = A(\omega)\lambda_1 + B(\omega)\lambda_2 + C(\omega)\lambda_3 + E(\omega)\lambda_4 + H(\omega) \tag{5-58}$$

将 $s = j\omega$ 带入式（5-58）中，可得稳定性方程为：

$$\begin{cases} \Delta_{I,K}^r(\omega,\lambda) = A^r(\omega)\lambda_1 + B^r(\omega)\lambda_2 + C^r(\omega)\lambda_3 + E^r(\omega)\lambda_4 + H^r(\omega) = 0 \\ \Delta_{I,K}^i(\omega,\lambda) = A^i(\omega)\lambda_1 + B^i(\omega)\lambda_2 + C^i(\omega)\lambda_3 + E^i(\omega)\lambda_4 + H^i(\omega) = 0 \end{cases} \tag{5-59}$$

然而，依据稳定性方程，采用相对阶为 1 阶或 2 阶的参数求解方法，难以同时获得所有滤波器参数。为此，从内环特征多项式出发，注意到低通滤波器参数只存在于内环特征多项式的 $N_m D_{Q_1} D_{11}$ 项中。根据式（5-37）和式（5-57），$N_m D_{Q_1} D_{11}$ 可以写为：

$$N_m D_{Q_1} D_{11} = N_m D_{11} [\omega^2 (\omega^2 \lambda_4 - \lambda_2) + j\omega(\lambda_1 - \omega^2 \lambda_3) + 1] \tag{5-60}$$

根据式（5-59）和式（5-60），以下关系成立：

$$\begin{aligned} -A^r(\omega)\omega^2 = C^r(\omega); \quad -B^r(\omega)\omega^2 = E^r(\omega) \\ -A^i(\omega)\omega^2 = C^i(\omega); \quad -B^i(\omega)\omega^2 = E^i(\omega) \end{aligned} \tag{5-61}$$

令：

$$\begin{cases} \gamma_1(\omega) = \lambda_1 - \omega^2 \lambda_3 \\ \gamma_2(\omega) = \lambda_2 - \omega^2 \lambda_4 \end{cases} \tag{5-62}$$

式（5-59）可以简化为：

$$\begin{cases} \Delta_{I,K}^r(\omega, \lambda) = A^r(\omega)\gamma_1(\omega) + B^r(\omega)\gamma_2(\omega) + H^r(\omega) = 0 \\ \Delta_{I,K}^i(\omega, \lambda) = A^i(\omega)\gamma_1(\omega) + B^i(\omega)\gamma_2(\omega) + H^i(\omega) = 0 \end{cases} \tag{5-63}$$

求解 $\gamma_1(\omega)$ 和 $\gamma_2(\omega)$，可得：

$$\begin{cases} \gamma_1(\omega) = \dfrac{-B^r(\omega)[A^i(\omega)H^r(\omega) - A^r(\omega)H^i(\omega)]}{A^r(\omega)[A^i(\omega)B^r(\omega) - A^r(\omega)B^i(\omega)]} - \dfrac{H^r(\omega)}{A^r(\omega)} \\ \gamma_2(\omega) = \dfrac{A^i(\omega)H^r(\omega) - A^r(\omega)H^i(\omega)}{A^i(\omega)B^r(\omega) - A^r(\omega)B^i(\omega)} \end{cases} , \; \omega \in [0, +\infty) \tag{5-64}$$

注释：$r.\deg(G_n) = 2$ 本质上是 $r.\deg(G_n) = 4$ 的一种特殊情况，有 $\gamma_1 = \lambda_1$ 以及 $\gamma_2 = \lambda_2$。当 $r.\deg(G_n) = 3$ 时，有 $\gamma_2 = \lambda_2$，根据式（5-52）可以获得稳定边界上参数 λ_2 在不同频率 ω 下的取值，但 λ_1 和 λ_3 取值由式（5-62）和式（5-64）共同决定。

随着 ω 的增加，基于式（5-64）可以在 $\gamma_1 - \gamma_2$ 平面中描绘一条曲线。这意味着曲线上的每个点总能找到一个频率 ω^* 使式（5-63）成立。然而，该曲线不能代表低通滤波器参数的稳定边界。本研究将这条曲线定义为准稳定边界，记为 Ω^*；由 $|\mathbf{J}|$ 的符号确定的区域定义为准稳定域，记为 Ψ。为便于分析，令 $(\gamma_1(\omega), \gamma_2(\omega))$ 表示 Ω^* 上任意一点，$(\gamma_1^*(\omega^*), \gamma_2^*(\omega^*))$ 表示 $\omega = \omega^*$ 时 Ω^* 上的一点，(γ_1, γ_2) 表示 $\gamma_1 - \gamma_2$ 平面内的点。下面解释 Ω^* 上各点的含义，并给出真实的稳定边界和参数可行域。

假设当 $\omega = \omega^*$ 时，由式（5-64）可以在 Ω^* 上确定点 $M[\gamma_1^*(\omega^*), \gamma_2^*(\omega^*)]$。

这意味着，当 $\gamma_1(\omega) = \gamma_1^*(\omega^*)$，$\gamma_2(\omega) = \gamma_2^*(\omega^*)$ 时，式（5-63）在 $j\omega^*$ 处有一个根。将 $(\gamma_1^*, \gamma_2^*, \omega^*)$ 代入式（5-62），可得：

$$\begin{cases} \gamma_1^*(\omega^*) = \lambda_1 - (\omega^*)^2 \lambda_3 \\ \gamma_2^*(\omega^*) = \lambda_2 - (\omega^*)^2 \lambda_4 \end{cases} \tag{5-65}$$

根据式（5-65）可以分别在 λ_1–λ_3 平面和 λ_2–λ_4 平面上确定两条直线。当低通滤波器参数满足式（5-65）时，式（5-63）有根 $s = j\omega^*$。也就是说，由式（5-65）确定的低通滤波器参数，可以保证式（5-59）在 $s = j\omega^*$ 时成立。令 $\lambda = [\lambda_1, \lambda_2, \lambda_3, \lambda_4]^T$ 为低通滤波器参数向量。基于式（5-65）求解的所有低通滤波器参数集合可以表示为：

$$S_b(\lambda, \omega^*) = \{\lambda : \gamma_1^*(\omega^*) = \lambda_1 - (\omega^*)^2 \lambda_3, \ \gamma_2^*(\omega^*) = \lambda_2 - (\omega^*)^2 \lambda_4\} \tag{5-66}$$

因此，当 $\lambda \in S_b(\lambda, \omega^*)$ 时，式（5-59）总是在 $j\omega^*$ 处有一个根。沿着准稳定边界，我们可以得到 Ω^* 上每个点对应的低通滤波器参数集合。最后，使式（5-59）确定的所有低通滤波器参数的集合可以由下式给出：

$$S_b(\lambda) = \{\lambda : \gamma_1(\omega) = \lambda_1 - (\omega)^2 \lambda_3, \ \gamma_2(\omega) = \lambda_2 - (\omega)^2 \lambda_4, \ \omega \in [0, +\infty)\} \tag{5-67}$$

因此，集合 $S_b(\lambda)$ 为参数空间内的稳定边界。

注释：给定的频率 ω^* 唯一地确定了 Ω^* 上的一点 $[\gamma_1^*(\omega^*), \gamma_2^*(\omega^*)]$，并确保式（5-59）在 $j\omega^*$ 处有一个根。而对于不同的 ω^*，式（5-59）在复平面虚轴上对应不同的根，在低通滤波器参数空间中则对应不同的直线。然而，不同的 ω 可以确定形式相似的 $S_b(\lambda, \omega)$。因此，我们将先研究给定频率下的参数可行域。

基于式（5-65）可知，当 ω^* 给定时，通过调整低通滤波器参数可以在 $\gamma_1 - \gamma_2$ 平面内确定不同的点 (γ_1, γ_2)，并使其落入准稳定域 Ψ。所有低通滤波器参数的集合被定义为准稳定区域 $S_r(\lambda, \omega^*)$，记为：

$$S_r(\lambda, \omega^*) = \{\lambda : (\lambda_1 - (\omega^*)^2 \lambda_3, \ \lambda_2 - (\omega^*)^2 \lambda_4) \in \Psi\} \tag{5-68}$$

更一般地，令 $\omega \in [0, +\infty)$，可以得到稳定域：

$$S_r(\lambda) = \{\lambda : (\lambda_1 - (\omega^*)^2 \lambda_3, \ \lambda_2 - (\omega^*)^2 \lambda_4) \in \Psi, \ \omega \in [0, +\infty)\} \tag{5-69}$$

至此，研究给出了如何确定低通滤波器参数的可行域。然而，DOB 所在内环作为控制系统的一部分，也影响着整个闭环系统的稳定性以及反馈控制器的设计。接下来将研究反馈回路中控制器参数可行解。

5.4　反馈控制器设计

根据图 5-3，从 r 到 y 的传递函数为：

$$y = \frac{G_m G C}{G_n - Q(G_m - G) + G_m G C} r \qquad (5\text{-}70)$$

相应地，外环特征多项式可表示为：

$$\delta_O(s) = N_m[D_Q - N_Q]D_c D + [N_Q D_m D_c + N_c N_m D_Q]\mathrm{N} \qquad (5\text{-}71)$$

从式（5-71）可以看出，基于 DOB 的控制系统的稳定性由控制器参数和低通滤波器参数共同决定。此外，由于反馈控制器和 DOB 可以根据设定点跟踪和扰动抑制性能要求分别单独设计。因此，在采用 5.4.1 节所提方法确定低通滤波器参数后，对控制器参数可行域进行分析。针对参数不确定对象，外环稳定性判定有如下简化定理。

定理 5.3　如果多项式族 $\delta_O(s)$ 满足假设 5.1，则当且仅当 $\delta_O(s)$ 中的所有广义 Kharitonov 顶点多项式都稳定时，外环稳定。

证明：

根据 GKT，当且仅当所有广义 Kharitonov 线段多项式稳定时，外环稳定。基于式（5-71），线段多项式为 $\Delta_{O,E}(s) = \Delta^1_{O,E}(s) \bigcup \Delta^2_{O,E}(s)$。$\Delta^1_{O,E}(s)$ 和 $\Delta^2_{O,E}(s)$ 分别表示为：

$$\Delta^1_{O,E}(s) = N_m[D_Q - N_Q]D_c((1-\mu)D^i + \mu D^j) + [N_Q D_m D_c + N_c N_m D_Q]N^\varphi$$

$$\Delta^2_{O,E}(s) = N_m[D_Q - N_Q]D_c D^\varphi + [N_Q D_m D_c + N_c N_n D_Q]((1-\mu)N^i + \mu N^j)$$

$$(5\text{-}72)$$

考虑集合 $\Delta^1_{O,E}(s)$ 中的线段多项式 $\Delta^{1,i,j}_{O,E}(s)$。根据有界相位条件，可以引

入线段多项式和顶点多项式的复数形式：$\Delta_{O,E}^{1_i,j}(j\omega)$、$\Delta_{O,K}^{1_i}(j\omega)$ 和 $\Delta_{O,K}^{1_j}(j\omega)$。为方便起见，令 $S_D^{ij}N^\varphi$ 表示复数 $\Delta_{O,E}^{1_i,j}(j\omega)$，$D^jN^\varphi$ 和 D^iN^φ 分别表示复数 $\Delta_{O,K}^{1_i}(j\omega)$ 和 $\Delta_{O,K}^{1_j}(j\omega)$。$D^jN^\varphi$ 可以表示为：

$$D^jN^\varphi = U_{j\varphi}(j\omega) + V_{j\varphi}(j\omega) \tag{5-73}$$

其中：

$$\begin{aligned} U_{j\varphi}(j\omega) &= N_m[D_Q - N_Q]D_c D^j \\ V_{j\varphi}(j\omega) &= [N_Q D_m D_c + N_c N_m D_Q]N^\varphi \end{aligned} \tag{5-74}$$

与定理 5.2 的证明类似，在引理 5.1 的基础上，我们可以证明 D^jN^φ 和 D^iN^φ 在复平面上反向。即线段多项式 $\Delta_{O,E}^{1_i,j}(s)$ 是稳定的，当且仅当顶点多项式 $\Delta_{O,K}^{1_i}(s)$ 和 $\Delta_{O,K}^{1_j}(s)$ 是稳定的。

对于集合 $\Delta_{O,E}^2(s)$ 中的线段多项式，结果仍然成立。

定理 5.3 得证。

定理 5.3 表明，所有的广义顶点多项式都保证了基于 DOB 的控制系统的稳定性，极大地简化了分析的复杂度。

在外环中，针对标称模型来设计反馈控制器，以满足系统的性能要求。本研究采用分散式控制策略，通过内模原理设计主回路的反馈控制器。内模控制结构如图 5-5 所示，其中 $G_{ii}(s), i=1,2$ 为实际对象，$G_{m_{11}}(s), i=1,2$ 为标称模型。

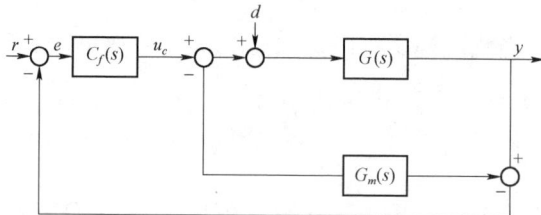

图 5-5　IMC 控制结构

$C_{f_i}(s)$ 为采用两步法设计的内模控制器[174]：首先，模型 $G_{m_{ii}}(s)$ 被分解为 $G_{m_{ii}}(s)=G_{m_{ii}}^+(s)G_{m_{ii}}^-(s)$，其中 $G_{m_{ii}}^+(s)$ 和 $G_{m_{ii}}^-(s)$ 分别是模型中可逆和不可逆部

分。$G_{m_{ii}^{+}}(s)$ 通常包含 $G_{m_{ii}}(s)$ 的时滞项和所有右半平面零点，而 $G_{m_{ii}^{-}}(s) =$ $N_{m_{ii}^{-}}(s)D_{m_{ii}}^{-1}(s)$ 是稳定的最小相位部分。其次，内模控制器设计为 $C_{f_i}(s) =$ $G_{m_{ii}^{-}}^{-1}(s)f_i(s)$，其中 $f_i(s)$ 是一个低通滤波器，它关系到控制系统的鲁棒性和参考信号跟踪性能。滤波器选择为 $f_i(s) = 1/(\lambda_c^i s + 1)^{r.\deg(G_m)}$，其中 $\lambda_c^i > 0$ 是实现理想控制性能要求的调节参数。基于 $C_{f_i}(s)$，反馈控制器 $C_i(s)$ 可以表示为：

$$C_i(s) = \frac{N_{c_i}(s)}{D_{c_i}(s)} = \frac{C_{f_i}(s)}{1 - C_{f_i}(s)G_{m_{ii}}(s)} \tag{5-75}$$

对于每个顶点多项式，在 $\omega \in [0, +\infty]$ 内，控制器参数 λ_c^i 为：

$$\lambda_c s = {}^{r.\deg(P_n)}\sqrt{\frac{N_m N_m D_Q D - N_m N_Q (N_m D - N D_m) - N_m D_m D_Q N}{[D_Q D N_m - N_Q (N_m D - N D_m)]N_{m^-}}} - 1 \tag{5-76}$$

对于不同的低通滤波器参数，由式（5-76）确定的控制器参数 λ_c^i 的稳定域不同。并且，式（5-76）确定了控制器参数 λ_c^i 的下界。控制器参数越小，系统的跟踪性能越好。并且只要参数在式（5-76）得到的稳定区域内，系统的鲁棒稳定性就可以得到保证。

5.5　仿真试验

本节将基于提出的图像分析法，确定干扰观测器以及速度控制器的参数可行域。仿真环境采用 MATLAB 2016b，平台处理器（CPU）型号为 Inter Core i5-8300H。基于邓哲宇的研究[165]，引入静态解耦矩阵 C_{dec}，式（5-11）可以写为：

$$G_d(s) = \begin{bmatrix} \dfrac{41.666\,7}{s^2 + 105.832\,9s + 1{,}020.61} & 0 \\ 0 & \dfrac{-341.997\,3}{s^2 + 105.746s + 1{,}499.52} \end{bmatrix} \tag{5-77}$$

首先，分别针对线速度回路 v_d–v 和角速度回路 ω_d–ω 设计低通滤波器参数 λ_1^g，λ_2^g，$g = v, \omega$。当模型参数摄动比率为 $x=0.6$ 时，根据定理 5.2，

由式（5-52）可得参数平面 $\lambda_1 - \lambda_2$ 内角速度和线速度回路内环所有广义顶点多项式的稳定边界线，如图 5-6 所示。

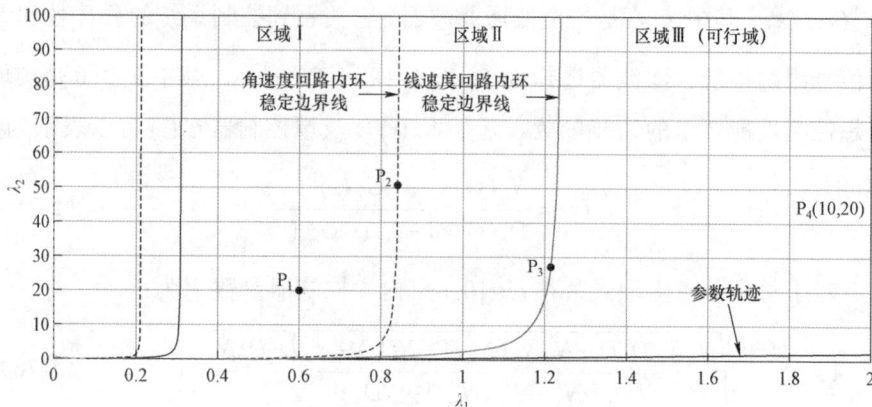

图 5-6　低通滤波器参数可行域

图 5-6 中，箭头所指左右两条线分别为角速度和线速度回路内环稳定边界线，将参数空间划分为区域 Ⅰ、区域 Ⅱ 和区域 Ⅲ 三个部分。根据式（5-51）可判断两条边界线右侧为各自内环回路对应的参数可行域。但考虑到动力学模型参数摄动下回路间的影响，只有区域 Ⅲ 为保证所有内环稳定的滤波器参数可行域。为验证稳定域的正确性，针对 $G(s) = N^3(s) / D^2(s)$，比较滤波器参数在 $P_1(0.6, 20)$，$P_2(0.841\,3, 50.75)$，$P_3(1.216, 27.19)$ 以及 $P_4(10, 20)$ 取值时，内环的阶跃响应，为方便对比令 $\lambda_1^v = \lambda_1^\omega$，$\lambda_2^v = \lambda_2^\omega$，5-7 和 5-8 为阶跃响应曲线。

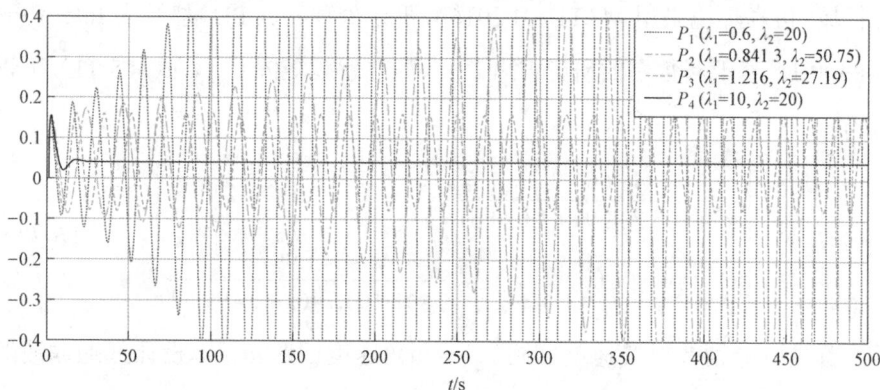

图 5-7　$v_d - v$ 回路内环阶跃响应

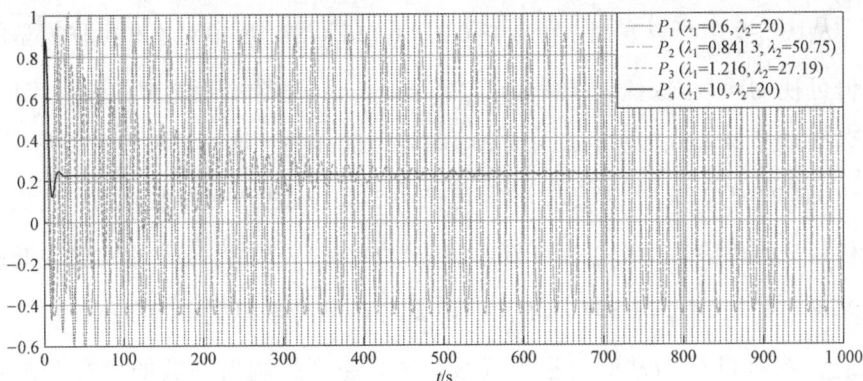

图 5-8　$\omega_d - \omega$ 回路内环阶跃响应

综合图 5-7 和图 5-8 可以看出，滤波器参数在 P_4 点取值时，以可保证两回路稳定。滤波器参数在 P_3 点取值时，只能保证角速度回路 $\omega_d - \omega$ 内环稳定，线速度回路 $v_d - v$ 内环阶跃响应等幅震荡。而 P_2 点只能保证 $\omega_d - \omega$ 临界稳定，非稳定区域的 P_1 点，导致两回路均发散。因此，对于动力学模型而言，只有滤波器参数在区域Ⅲ内取值时，才保证内环稳定，即区域Ⅲ为滤波器参数的可行域。可行域内的滤波器参数保证内环收敛到稳定值，而非稳定域内的点使得相应内环发散。

在稳定域内，通过广义 Kharitonov 对象的幅频特性曲线的包络线，可以确定低通滤波器带宽 ω_b，以减小不确定性的影响。以 $P_E = N^1 / S_D^{12}$ 为例，当模型参数摄动比 $x = 0.6$ 时，$P_E = N^1 / S_D^{12}$ 和标称模型的幅值特性曲线如图 5-9 所示。

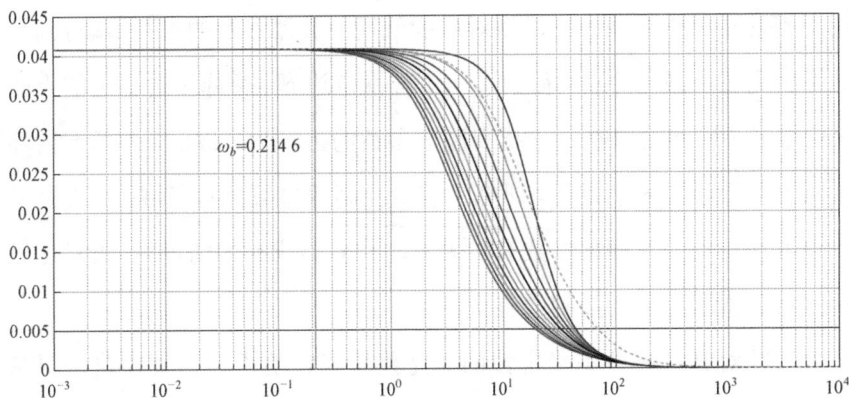

图 5-9　P_E 和标称模型的幅频曲线

从图 5-9 中可以看出，当 $\omega_b \leqslant 0.214\,6\ \text{rad/s}$ 时，P_E 中对象和标称模型的幅值可视为同一固定值。对其余广义 Kharitonov 对象采用类似的分析流程，可以确定当 $\omega_b \leqslant 0.022\,7\ \text{rad/s}$ 时，幅频特性曲线的包络线几乎没有变化。当 $\omega_b = 0.022\,7$ 时，根据 $|Q(\mathrm{j}\omega_b)| = 1$，可在图 5-8 中画出一条参数轨迹，该轨迹上任意一点的参数值可以保证低通滤波器 $Q_1(s)$ 的带宽为 ω_b，本实验中低通滤波器参数取为 $\lambda_1 = 1.807$，$\lambda_2 = 1.7$。此时，动力学模型中参数不确定性带来的影响可以视为常值，根据式（5-76）速度控制器参数的可行范围是 $\lambda_c \geqslant 43.75$。

5.6 本章小结

考虑到轮式移动机器人模型参数不确定性、速度耦合以及在 RMFS 货架搬运种可能遇到的非平衡负载问题，本章引入了干扰观测器作为解决方案。首先，针对移动机器人动力学模型参数不确定问题，提出一种基于 DOB 控制策略的参数可行域分析方法，研究证明在内环稳定性分析中，内环特征多项式的广义 Kharitonov 线段多项式只需由其对应的两个广义 Kharitonov 顶点多项式来稳定，这种简化可以避免广义 Kharitonov 段多项式复杂的稳定性验证，并减少了需要稳定性分析的多项式个数。其次，通过稳定性方程，刻画了不同相对阶次动力学模型对应的低通滤波器参数的可行域。特别是当参数个数为三个或四个时，得到了一个准稳定边界，解释了边界上的点的含义，获得了不同相对阶次下干扰观测器参数的可行域。最后，本章在内环干扰观测器参数设定的基础上，研究了速度控制器参数的可行域。仿真试验证明了该方法在动力学模型参数有较大摄动和外界扰动的情况下，仍然可以保证轮式移动机器人运动控制的有效性。

本章针对具有参数不确定性的非完整轮式移动机器人鲁棒轨迹跟踪问题，提出的基于简化广义 Kharitonov 定理的控制器和干扰观测器参数可行域确定方法，其优点可以概括为：

（1）本章所提干扰观测器和速度控制器参数可行域确定方法，在存在外界扰动，模型参数摄动大的情况下，仍然可以实现机器人跟踪控制的有效性。特别适合仓储内负载变化大，非平衡负载的情况。

（2）所提观测器设计方法简单。从频域角度出发，仅需对特定数量多项式求解即可获得观测器参数的可行域，缩小了求解最优观测器参数的搜索空间，方便随后的参数整定。

（3）反馈控制器和干扰观测器可以单独设计，通过调整各自的参数，从而调节设定点跟踪和抗干扰能力，这对轮式移动机器人在仓储中的实际应用非常方便。

第6章 总结与展望

6.1 研究成果与创新点

订单拣选作为移动机器人订单履行系统中最为关键的系统任务流程,显著影响着整个智能化仓储系统的运行效率,越来越受到学者的关注。本研究以移动机器人订单履行系统为研究对象,针对人机协作订单拣选过程优化问题,在研读国内外大量相关研究的基础上,对订单拣选过程中的移动机器人指派策略和机器人货架搬运平稳运输展开研究,实现了人因约束下的人机协作订单拣选过程优化。

6.1.1 研究成果

本研究的主要研究成果如下:

(1)提出了面向挑拣员身体不适水平的机器人自主指派决策。基于Borg CR-10 量表所反映的挑拣员的主观不适程度,从货物质量、体积、存放位置等引起挑拣员主观不适的影响因素出发,构建了不适等级估计线性模型,解决了不适水平的量化问题。利用多智能体强化学习的分散式学习结构,以系统效率和挑拣员不适水平均衡调节为目标,训练移动机器人进行指派策略学习。分析结果表明,在具有不同处理速度以及不同初始不适水平下,所学习的机器人指派策略可以实现挑拣员间工作量的合理分配。

(2)提出了面向挑拣员压力水平的机器人自主指派策略。采用客观反映压力状态的生理信号（瞳孔直径信号），通过可穿戴眼动仪实时检测了挑拣员的压力状态。考虑到系统运行的动态特性和不确定性，采用 VDN 算法，通过将已确定的挑拣员压力度量和系统效率相关的时间成本构建奖励函数，引导机器人学习兼顾系统效率和压力水平的自主指派策略。试验结果表明，基于挑拣员压力水平的机器人自主指派策略可以在不牺牲系统效率的基础上，有效地减少挑拣员的总压力持续时间。

（3）提出了面向挑拣员疲劳－压力管理的机器人自主指派策略。考虑到短暂休息对疲劳和压力的缓解作用，针对挑拣员面对大订单集合，长时间货物挑拣情况，提出了面向挑拣员疲劳和压力管理的研究框架。首先，通过引入心率传感器，实现对疲劳状态的检测。之后，基于检测的生理状态利用 QMIX 算法，提升机器人自主决策能力，并获得机器人指派策略。通过机器人指派或暂停指派缓解系统内挑拣员的工作负载，实现挑拣员工间休息主动调节，同时可以根据系统状态做出合理的机器人指派决策。试验结果表明，与应用的基准策略相比，所提指派策略有效减少了挑拣员压力持续时间，并将系统效率保持在理想水平。

（4）提出了基于干扰观测器的仓储机器人轨迹跟踪鲁棒控制方法。针对仓储机器人在货架搬运中遇到的模型参数摄动、速度耦合、负载变化，以及外界干扰，引入了 DOB 结构。基于所提的简化广义 Kharitonov 定理，提出了基于图像的参数可行域确定方法，并给出参数整定方案。仿真试验验证了所提方法在面对被控对象参数有较大摄动，外界扰动时，可以保证轨迹跟踪的有效性。

6.1.2　创新点

本研究的创新点主要体现在以下四个方面：

（1）人因约束下机器人指派策略设计。本研究在考虑挑拣员货物拣选过程中不适水平、压力以及疲劳等因素的基础上，针对 RMFS 人机协作订单拣选过程中的机器人指派问题，提出了面向人因约束的机器人指派策略。将人因纳入机器人指派自主决策模型及方法研究中，给出更加符合仓储系统实际运行情况的机器人指派策略，兼顾了系统运行效率和工人福祉。

（2）复杂环境下实时机器人指派。提出基于强化学习的机器人指派策略优化方法，基于 IQL、VDN、QMIX 多智能体强化学习算法，建立起机器人指派策略同挑拣员实时生理状态、机器人运行状态及订单信息等系统运行状态之间的联系，特别是与挑拣员实时生理信号间的联系，实现在不同系统状态下机器人的实时指派决策。

（3）基于多机器人的分散式自主指派。从仓储多机器人角度出发，基于多智能体强化学习算法，提升了机器人的自主决策能力，得到了基于仓储机器人的分散式指派策略。机器人个体可以更好地"理解"挑拣员生理状态，并通过机器人个体的自主指派决策与控制，使挑拣员获得合理的工间休息，实现其压力与疲劳水平的有效管理。

（4）复杂环境下轨迹跟踪控制。针对轮式移动机器人货架搬运涉及的轨迹跟踪问题，设计了基于干扰观测器的控制策略。从频域角度出发，提出了简化广义 Kharitonov 定理，并由此提出了一种基于图像的参数可行域确定方法，实现了轨迹跟踪的鲁棒控制，有效解决了搬运过程中的模型参数摄动，外界扰动，负载变化等问题。这是本研究的主要创新点之一。

6.2　研究展望

本研究重点对人因约束下基于移动机器人的协作订单拣选过程优化开展了研究，基于目前的研究结果，沿着人机协作订单挑拣过程的研究方向，作者将从以下三个方面继续开展研究：

（1）在移动机器人的轨迹跟踪控制中，本研究主要针对移动机器人提出了参数可行域确定方法，为机器人的轨迹跟踪提供了技术保障。但在大型物流仓储环境中,大规模移动机器人协同工作使移动机器人决策面临更加复杂的环境,基于预先规划的轨迹有时难以满足系统要求,甚至带来更多潜在不安全性(如碰撞、拥堵、锁死以及物品掉落等问题)。因此在移动机器人指派决策基础上,利用强化学习实现其自主路径规划及主动避障是一个值得研究的方向。

(2)在研究订单拣选过程中的机器人指派策略时,本研究主要考虑了挑拣员的主观不适水平,生理疲劳及压力水平等人因约束,完成机器人自主指派策略学习。在未来的基于挑拣员生理状态的仓储机器人指派策略研究中,可综合多样化且更具针对性的生理状态指标因素,提高机器人对挑拣员生理状态感知的精度及敏感度,为移动机器人订单履行系统中机器人指派、轨迹规划及运动控制提供更多的自主决策可能性。

(3)本研究主要围绕人机协作订单拣选过程中涉及的机器人指派策略以及指派策略下的机器人货架搬运轨迹跟踪控制展开研究。在实际仓储订单拣选任务流程中,工作站区域由机器人与挑拣员协作处理完成的货架会被送回存储区中,该过程中存在的动态存储决策问题可作为后续研究的一个重要方向,例如机器人根据货架使用频率、工作站效率以及挑拣员生理状态自主决策理想的存储位置,使频繁使用的货架可以被动存储在距离近、效率高、生理状态良好的挑拣员附近,实现全流程下订单拣选效率的提升,并进一步提高移动机器人的自主性,降低挑拣工人的工作负载。

参考文献

[1] Gu J, Goetschalckx M, McGinnis L F.Research on warehouse operation:A comprehensive review[J]. European journal of operational research, 2007, 177(1): 1-21.

[2] Gagliardi J P, Renaud J, Ruiz A.Models for automated storage and retrieval systems: a literature review[J]. International Journal of Production Research, 2012, 50(24): 7110-7125.

[3] Roodbergen K J, Vis I F A.A survey of literature on automated storage and retrieval systems[J]. European journal of operational research, 2009, 194(2): 343-362.

[4] 寇晓菲. 并行出库式紧致自动化仓储系统的设计与研究[D]. 武汉: 华中科技大学, 2018.

[5] Boysen N, De Koster R, Weidinger F.Warehousing in the e-commerce era: A survey[J]. European Journal of Operational Research, 2019, 277(2): 396-411.

[6] Hao J, Yu Y, Zhang L L.Optimal design of a 3D compact storage system with the I/O port at the lower mid-point of the storage rack[J]. International Journal of Production Research, 2015, 53(17): 5153-5173.

[7] Ning Z, Lei L, Saipeng Z, et al.An efficient simulation model for rack design in multi-elevator shuttle-based storage and retrieval system[J].

Simulation Modelling Practice and Theory, 2016(67): 100-116.

[8] Lamballais T, Roy D, De Koster M B M.Estimating performance in a robotic mobile fulfillment system[J]. European Journal of Operational Research, 2017, 256(3): 976-990.

[9] Azadeh K, De Koster R, Roy D.Robotized and automated warehouse systems: Review and recent developments[J]. Transportation Science, 2019, 53(4): 917-945.

[10] Merschformann M, Lamballais T, De Koster M B M, et al. Decision rules for robotic mobile fulfillment systems[J]. Operations Research Perspectives, 2019(6): 100128.

[11] Wurman P R, D'Andrea R, Mountz M.Coordinating hundreds of cooperative, autonomous vehicles in warehouses[J]. AI magazine, 2008, 29(1): 9.

[12] Enright J J, Wurman P R.Optimization and coordinated autonomy in mobile fulfillment systems[C]//Workshops at the twenty-fifth AAAI conference on artificial intelligence.2011.

[13] Gong Y, Jin M, Yuan Z.Robotic mobile fulfilment systems considering customer classes[J]. International Journal of Production Research, 2021, 59(16): 5032-5049.

[14] De Koster R, Le-Duc T, Roodbergen K J.Design and control of warehouse order picking: A literature review[J]. European journal of Operational Research, 2007, 182(2): 481-501.

[15] Grosse E H, Glock C H, Neumann W P.Human factors in order picking: a content analysis of the literature[J]. International Journal of Production Research, 2017, 55(5): 1260-1276.

[16] Grosse E H, Glock C H, Jaber M Y, et al. Incorporating human factors in

order picking planning models: framework and research opportunities[J]. International Journal of Production Research, 2015, 53(3): 695-717.

[17] Wang K, Yang Y, Li R.Travel time models for the rack-moving mobile robot system[J]. International Journal of Production Research, 2020, 58(14): 4367-4385.

[18] Yang P, Jin G, Duan G. Modelling and analysis for multi-deep compact robotic mobile fulfilment system[J]. International Journal of Production Research, 2021(3): 1-16.

[19] Guan M, Li Z.Pod layout problem in kiva mobile fulfillment system using synchronized zoning[J]. Journal of Applied Mathematics and Physics, 2018, 6(12): 2553-2562.

[20] Kim H J, Pais C, Shen Z J M. Item Assignment Problem in a Robotic Mobile Fulfillment System[J]. IEEE Transactions on Automation Science and Engineering, 2020, 17(4): 1854-1867.

[21] Xiang X, Liu C, Miao L.Storage assignment and order batching problem in Kiva mobile fulfilment system[J]. Engineering Optimization, 2018, 50(11): 1941-1962.

[22] Wu S, Chi C, Wang W, et al. Research of the layout optimization in robotic mobile fulfillment systems[J]. International Journal of Advanced Robotic Systems, 2020, 17(6): 754-763.

[23] Feng L, Liu X, Qi M, et al. Picking station location in traditional and flying-v aisle warehouses for robotic mobile fulfillment system[C]//2018 IEEE International Conference on Industrial Engineering and Engineering Management(IEEM). IEEE, 2018: 1436-1440.

[24] Yuan Z, Gong Y Y. Bot-in-time delivery for robotic mobile fulfillment systems[J]. IEEE Transactions on Engineering Management, 2017, 64(1):

83-93.

[25] Lienert T, Staab T, Ludwig C F.Simulation-based performance analysis in robotic mobile fulfilment systems[C]//Proceedings of the 8th International Conference on Simulation and Modeling Methodologies, Technologies and Applications.2018.

[26] Lamballais T, Roy D, Koster M B M D.Inventory Allocation in Robotic Mobile Fulfillment Systems[J]. IISE Transactions, 2019, 52(1): 1-22.

[27] Lee C K M, Lin B, Ng K K H, et al. Smart robotic mobile fulfillment system with dynamic conflict-free strategies considering cyber-physical integration[J]. Advanced Engineering Informatics, 2019(42): 100998.

[28] Wang W, Wu Y, Zheng J, et al. A comprehensive framework for the design of modular robotic mobile fulfillment systems[J]. IEEE Access, 2020(8): 13259-13269.

[29] Gu J, Goetschalckx M, McGinnis L F.Research on warehouse design and performance evaluation: A comprehensive review[J]. European journal of operational research, 2010, 203(3): 539-549.

[30] Boysen N, Briskorn D, Emde S.Parts-to-picker based order processing in a rack-moving mobile robots environment[J]. European Journal of Operational Research, 2017, 262(2): 550-562.

[31] Yang X, Hua G, Hu L, et al. Joint optimization of order sequencing and rack scheduling in the robotic mobile fulfilment system[J]. Computers & Operations Research, 2021(135): 105467.

[32] Valle C A, Beasley J E.Order allocation, rack allocation and rack sequencing for pickers in a mobile rack environment[J]. Computers & Operations Research, 2021(125): 105090.

[33] Xie L, Thieme N, Krenzler R, et al. Introducing split orders and

optimizing operational policies in robotic mobile fulfillment systems[J]. European Journal of Operational Research, 2021, 288(1): 80-97.

[34] Li Z P, Zhang J L, Zhang H J, et al. Optimal selection of movable shelves under cargo-to-person picking mode[J]. International Journal of Simulation Modelling, 2017, 16(1): 145-156.

[35] Krenzler R, Xie L, Li H.Deterministic pod repositioning problem in robotic mobile fulfillment systems[J]. 2018.

[36] Weidinger F, Boysen N, Briskorn D.Storage assignment with rack-moving mobile robots in KIVA warehouses[J]. Transportation Science, 2018, 52(6): 1479-1495.

[37] Nigam S, Roy D, De Koster R, et al. Analysis of class-based storage strategies for the mobile shelf-based order pick system[J]. 2014.

[38] Yuan R, Graves S C, Cezik T. Velocity-Based Storage Assignment in Semi-Automated Storage Systems[J]. Production and Operations Management, 2019, 28(2): 354-373.

[39] Rimélé A, Grangier P, Gamache M, et al. E-commerce warehousing: learning a storage policy[J]. 2021.

[40] Rimélé A, Grangier P, Gamache M, et al. Supervised learning and tree search for real-time storage allocation in Robotic Mobile Fulfillment Systems[J]. 2021.

[41] Merschformann M.Active repositioning of storage units in robotic mobile fulfillment systems[C]//Operations Research Proceedings 2017.Springer, Cham, 2018: 379-385.

[42] Merschformann M, Xie L, Li H.RAWSim-O: A simulation framework for robotic mobile fulfillment systems[J]. 2017.

[43] Zhou L, Shi Y, Wang J, et al. A Balanced Heuristic Mechanism for

Multirobot Task Allocation of Intelligent Warehouses[J]. Mathematical Problems in Engineering, 2014(1): 1-10.

[44] Yoshitake H, Kamoshida R, Nagashima Y.New automated guided vehicle system using real-time holonic scheduling for warehouse picking[J]. IEEE Robotics and Automation Letters, 2019, 4(2): 1045-1052.

[45] Gharehgozli A, Zaerpour N.Robot scheduling for pod retrieval in a robotic mobile fulfillment system[J]. Transportation Research Part E: Logistics and Transportation Review, 2020(142): 102087.

[46] Zou B, Xu X, De Koster R.Evaluating battery charging and swapping strategies in a robotic mobile fulfillment system[J]. European Journal of Operational Research, 2018, 267(2): 733-753.

[47] Lienert T, Stigler L, Fottner J.Failure-handling strategies for mobile robots in automated warehouses[C]//Proceedings of the 33rd International ECMS Conference on Modelling and Simulation.2019.

[48] 徐贤浩, 郭依, 邹碧攀. 基于最短取货时间的仓储机器人待命位策略研究[J]. 工业工程与管理, 2016, 21(4): 35-42, 49.

[49] Roy D, Nigam S, De Koster R, et al. Robot-storage zone assignment strategies in mobile fulfillment systems[J]. Transportation Research Part E: Logistics and Transportation Review, 2019(122): 119-142.

[50] 徐翔斌, 马中强. 基于移动机器人的拣货系统研究进展[J/OL]. 自动化学报: 1-25[2021-10-08].

[51] 张丹露, 孙小勇, 傅顺, 等. 智能仓库中的多机器人协同路径规划方法[J]. 计算机集成制造系统, 2018, 24(2): 410-418.

[52] 夏清松, 唐秋华, 张利平. 多仓储机器人协同路径规划与作业避碰[J]. 信息与控制, 2019, 48(1): 22-28, 34.

[53] Zhou L, Yang P, Chen C, et al. Multiagent reinforcement learning with

sparse interactions by negotiation and knowledge transfer[J]. IEEE Transactions on Cybernetics, 2016, 47(5): 1238-1250.

[54] Merschformann M, Xie L, Erdmann D.Path planning for robotic mobile fulfillment systems[J]. 2017.

[55] Zhang Z, Guo Q, Chen J, et al. Collision-free route planning for multiple AGVs in an automated warehouse based on collision classification[J]. IEEE Access, 2018(6): 26022-26035.

[56] Kumar N V, Kumar C S.Development of collision free path planning algorithm for warehouse mobile robot[J]. Procedia Computer Science, 2018(133): 456-463.

[57] Glock C H, Grosse E H, Neumann W P, et al. Editorial: Human Factors in Industrial and Logistic System Design[J]. Computers & Industrial Engineering, 2017(111): 463-466.

[58] Boudreau J, Hopp W, McClain J O, et al. On the interface between operations and human resources management[J]. Manufacturing & Service Operations Management, 2003, 5(3): 179-202.

[59] Grosse E H, Calzavara M, Glock C H, et al. Incorporating human factors into decision support models for production and logistics: current state of research[J]. IFAC-PapersOnLine, 2017, 50(1): 6900-6905.

[60] Sgarbossa F, Grosse E H, Neumann W P, et al. Human factors in production and logistics systems of the future[J]. Annual Reviews in Control, 2020(49): 295-305.

[61] Grosse E H, Glock C H.An experimental investigation of learning effects in order picking systems[J]. Publications of Darmstadt Technical University, Institute for Business Studies(BWL), 2013, 24(6): 97-110.

[62] Grosse E H, Glock C H.The effect of worker learning on manual order

picking processes[J]. International Journal of Production Economics, 2015(170): 882-890.

[63] Grosse E H, Glock C H, Jaber M Y.The effect of worker learning and forgetting on storage reassignment decisions in order picking systems[J]. Computers & Industrial Engineering, 2013, 66(4): 653-662.

[64] Nembhard D A, Bentefouet F.Parallel system scheduling with general worker learning and forgetting[J]. International Journal of Production Economics, 2012, 139(2): 533-542.

[65] Dode P, Greig M, Zolfaghari S, et al. Integrating human factors into discrete event simulation: a proactive approach to simultaneously design for system performance and employees' well being[J]. International Journal of Production Research, 2016, 54(10): 3105-3117.

[66] Costa A, Cappadonna F A, Fichera S.Joint optimization of a flow-shop group scheduling with sequence dependent set-up times and skilled workforce assignment[J]. International Journal of Production Research, 2014, 52(9): 2696-2728.

[67] Sammarco M, Fruggiero F, Neumann W P, et al. Agent-based modelling of movement rules in DRC systems for volume flexibility: human factors and technical performance[J]. International Journal of Production Research, 2014, 52(3): 633-650.

[68] Kiassat C, Safaei N, Banjevic D.Choosing the optimal intervention method to reduce human-related machine failures[J]. European Journal of Operational Research, 2014, 233(3): 604-612.

[69] Dode P, Greig M, Zolfaghari S, et al. Integrating human factors into discrete event simulation: a proactive approach to simultaneously design for system performance and employees' well being[J]. International

Journal of Production Research, 2016, 54(10): 3105-3117.

[70] Elbert R M, Franzke T, Glock C H, et al. The effects of human behavior on the efficiency of routing policies in order picking: The case of route deviations[J]. Computers & Industrial Engineering, 2017(111): 537-551.

[71] Battini D, Delorme X, Dolgui A, et al. Ergonomics in assembly line balancing based on energy expenditure: a multi-objective model[J]. International Journal of Production Research, 2016, 54(3): 824-845.

[72] Cheshmehgaz H R, Haron H, Kazemipour F, et al. Accumulated risk of body postures in assembly line balancing problem and modeling through a multi-criteria fuzzy-genetic algorithm[J]. Computers & Industrial Engineering, 2012, 63(2): 503-512.

[73] Otto A, Scholl A.Incorporating ergonomic risks into assembly line balancing[J]. European Journal of Operational Research, 2011, 212(2): 277-286.

[74] Bautista J, Batalla-García C, Alfaro-Pozo R.Models for assembly line balancing by temporal, spatial and ergonomic risk attributes[J]. European Journal of Operational Research, 2016, 251(3): 814-829.

[75] Choi G.A goal programming mixed-model line balancing for processing time and physical workload[J]. Computers & Industrial Engineering, 2009, 57(1): 395-400.

[76] Asensio-Cuesta S, Diego-Mas J A, Cremades-Oliver L V, et al. A method to design job rotation schedules to prevent work-related musculoskeletal disorders in repetitive work[J]. International Journal of Production Research, 2012, 50(24): 7467-7478.

[77] Mossa G, Boenzi F, Digiesi S, et al. Productivity and ergonomic risk in human based production systems: A job-rotation scheduling model[J].

International Journal of Production Economics, 2016(171): 471-477.

[78] Xu Z, Ko J, Cochran D J, et al. Design of assembly lines with the concurrent consideration of productivity and upper extremity musculoskeletal disorders using linear models[J]. Computers & Industrial Engineering, 2012, 62(2): 431-441.

[79] Glock C H, Grosse E H, Abedinnia H, et al. An integrated model to improve ergonomic and economic performance in order picking by rotating pallets[J]. European Journal of Operational Research, 2019, 273(2): 516-534.

[80] Battini D, Glock C H, Grosse E H, et al. Human energy expenditure in order picking storage assignment: A bi-objective method[J]. Computers & Industrial Engineering, 2016(94): 147-157.

[81] Sadiq M, Landers T L, Don Taylor G.An assignment algorithm for dynamic picking systems[J]. IIE transactions, 1996, 28(8): 607-616.

[82] Larco J A, De Koster R, Roodbergen K J, et al. Managing warehouse efficiency and worker discomfort through enhanced storage assignment decisions[J]. International Journal of Production Research, 2017, 55(21): 6407-6422.

[83] Petersen C G, Siu C, Heiser D R.Improving order picking performance utilizing slotting and golden zone storage[J]. International Journal of Operations & Production Management, 2005, 25(9/10): 997-1012.

[84] Calzavara M, Glock C H, Grosse E H, et al. Models for an ergonomic evaluation of order picking from different rack layouts[J]. IFAC-Papers OnLine, 2016, 49(12): 1715-1720.

[85] Battini D, Calzavara M, Persona A, et al. Additional effort estimation due to ergonomic conditions in order picking systems[J]. International Journal

of Production Research, 2017, 55(10): 2764-2774.

[86] Sobhani A, Wahab M I M, Neumann W P.Incorporating human factors-related performance variation in optimizing a serial system[J]. European Journal of Operational Research, 2017, 257(1): 69-83.

[87] Sobhani A, Wahab M I M, Neumann W P.Investigating work-related ill health effects in optimizing the performance of manufacturing systems[J]. European Journal of Operational Research, 2015, 241(3): 708-718.

[88] Andriolo A, Battini D, Persona A, et al. A new bi-objective approach for including ergonomic principles into EOQ model[J]. International Journal of Production Research, 2016, 54(9): 2610-2627.

[89] Battini D, Persona A, Sgarbossa F.Innovative real-time system to integrate ergonomic evaluations into warehouse design and management[J]. Computers & Industrial Engineering, 2014(77): 1-10.

[90] Battini D, Calzavara M, Persona A, et al. A comparative analysis of different paperless picking systems[J]. Industrial Management & Data Systems, 2015, 115(3): 483-503.

[91] De Vries J, De Koster R, Stam D.Aligning order picking methods, incentive systems, and regulatory focus to increase performance[J]. Production and Operations Management, 2016, 25(8): 1363-1376.

[92] Reif R, Günthner W A, Schwerdtfeger B, et al. Evaluation of an augmented reality supported picking system under practical conditions[C]//Computer Graphics Forum.Oxford, UK: Blackwell Publishing Ltd, 2010, 29(1): 2-12.

[93] Reif R, Günthner W A.Pick-by-vision: augmented reality supported order picking[J]. The Visual Computer, 2009, 25(5): 461-467.

[94] Reif R, Walch D.Augmented & Virtual Reality applications in the field of

logistics[J]. The Visual Computer, 2008, 24(11): 987-994.

[95] De Vries J, De Koster R, Stam D.Exploring the role of picker personality in predicting picking performance with pick by voice, pick to light and RF-terminal picking[J]. International Journal of Production Research, 2016, 54(8): 2260-2274.

[96] Calzavara M, Glock C H, Grosse E H, et al. Analysis of economic and ergonomic performance measures of different rack layouts in an order picking warehouse[J]. Computers & Industrial Engineering, 2017(111): 527-536.

[97] Wen G, Ge S S, Chen C L P, et al. Adaptive tracking control of surface vessel using optimized backstepping technique[J]. IEEE transactions on cybernetics, 2018, 49(9): 3420-3431.

[98] Yousefizadeh S, Bendtsen J D, Vafamand N, et al. Tracking control for a DC microgrid feeding uncertain loads in more electric aircraft: Adaptive backstepping approach[J]. IEEE Transactions on Industrial Electronics, 2018, 66(7): 5644-5652.

[99] Dixon W E, Dawson D M, Zergeroglu E, et al. Adaptive tracking control of a wheeled mobile robot via an uncalibrated camera system[J]. IEEE Transactions on Systems, Man, and Cybernetics, Part B(Cybernetics), 2001, 31(3): 341-352.

[100] Esmaeili N, Alfi A, Khosravi H.Balancing and trajectory tracking of two-wheeled mobile robot using backstepping sliding mode control: design and experiments[J]. Journal of Intelligent & Robotic Systems, 2017, 87(3): 601-613.

[101] Boukens M, Boukabou A, Chadli M.Robust adaptive neural network-based trajectory tracking control approach for nonholonomic electrically

driven mobile robots[J]. Robotics and Autonomous Systems, 2017(92): 30-40.

[102] Kanellakopoulos I, Kokotovic P V, Morse A S.Systematic design of adaptive controllers for feedback linearizable systems[C]//1991 American control conference.IEEE, 1991: 649-654.

[103] Fierro R, Lewis F L.Control of a nonholonomic mobile robot using neural networks[J]. IEEE transactions on neural networks, 1998, 9(4): 589-600.

[104] 王川, 吴怀宇, 王芬, 等. 基于 Backstepping 的移动机器人轨迹跟踪控制[J]. 现代电子技术, 2008, 31(24): 113-115, 119.

[105] 吴卫国, 陈辉堂, 王月娟. 移动机器人的全局轨迹跟踪控制[J]. 自动化学报, 2001(3): 326-331.

[106] 徐俊艳, 张培仁, 程剑锋. 基于 Backstepping 时变反馈和 PID 控制的移动机器人实时轨迹跟踪控制[J]. 电机与控制学报, 2004(1): 35-38, 43-91.

[107] Jiang Z P, Nijmeijer H.Tracking control of mobile robots: A case study in backstepping[J]. Automatica, 1997, 33(7): 1393-1399.

[108] Jiang Z P, Nijmeijer H.A recursive technique for tracking control of nonholonomic systems in chained form[J]. IEEE Transactions on Automatic control, 1999, 44(2): 265-279.

[109] Jiang Z P.Iterative design of time-varying stabilizers for multi-input systems in chained form[J]. Systems & Control Letters, 1996, 28(5): 255-262.

[110] Jiang Z P, Nijmeijer H.Backstepping-based tracking control of nonholonomic chained systems[C]//1997 European Control Conference (ECC). IEEE, 1997: 2664-2669.

[111] Binh N T, Tung N A, Nam D P, et al. An adaptive backstepping trajectory tracking control of a tractor trailer wheeled mobile robot[J]. International Journal of Control, Automation and Systems, 2019, 17(2): 465-473.

[112] Chen Q, Shi H, Sun M.Echo state network-based backstepping adaptive iterative learning control for strict-feedback systems: an error-tracking approach[J]. IEEE Transactions on Cybernetics, 2019, 50(7): 3009-3022.

[113] Almakhles D J.Robust backstepping sliding mode control for a quadrotor trajectory tracking application[J]. IEEE Access, 2019(8): 5515-5525.

[114] Chang Y C, Chen B S.Adaptive tracking control design of nonholonomic mechanical systems[C]//Proceedings of 35th IEEE Conference on Decision and Control.IEEE, 1996(4): 4739-4744.

[115] Lefeber E, Nijmeijer H.Adaptive tracking control of nonholonomic systems: an example[C]//Proceedings of the 38th IEEE Conference on Decision and Control(Cat.No.99CH36304). IEEE, 1999(3): 2094-2099.

[116] Lee T C, Chen B S, Chang Y C.Adaptive control of robots by linear time-varying dynamic position feedback[J]. International journal of adaptive control and signal processing, 1996, 10(6): 649-671.

[117] Fukao T, Nakagawa H, Adachi N.Adaptive tracking control of a nonholonomic mobile robot[J]. IEEE transactions on Robotics and Automation, 2000, 16(5): 609-615.

[118] Fierro R, Lewis F L.Control of a nonholomic mobile robot: Backstepping kinematics into dynamics[J]. Journal of robotic systems, 1997, 14(3): 149-163.

[119] Shojaei K, Shahri A M.Adaptive robust time-varying control of uncertain non-holonomic robotic systems[J]. IET control theory & applications, 2011, 6(1): 90-102.

[120] Huang J T.Adaptive tracking control of high-order non-holonomic mobile robot systems[J]. IET Control Theory & Applications, 2009, 3(6): 681-690.

[121] Martins F N, Celeste W C, Carelli R, et al. An adaptive dynamic controller for autonomous mobile robot trajectory tracking[J]. Control Engineering Practice, 2008, 16(11): 1354-1363.

[122] Park B S, Yoo S J, Park J B, et al. A simple adaptive control approach for trajectory tracking of electrically driven nonholonomic mobile robots[J]. IEEE Transactions on Control Systems Technology, 2009, 18(5): 1199-1206.

[123] Das T, Kar I N.Design and implementation of an adaptive fuzzy logic-based controller for wheeled mobile robots[J]. IEEE Transactions on Control Systems Technology, 2006, 14(3): 501-510.

[124] Wai R J, Lin Y W.Adaptive moving-target tracking control of a vision-based mobile robot via a dynamic petri recurrent fuzzy neural network[J]. IEEE Transactions on Fuzzy Systems, 2012, 21(4): 688-701.

[125] Yang J M, Kim J H.Sliding mode control for trajectory tracking of nonholonomic wheeled mobile robots[J]. IEEE Transactions on robotics and automation, 1999, 15(3): 578-587.

[126] Chwa D.Sliding-mode tracking control of nonholonomic wheeled mobile robots in polar coordinates[J]. IEEE transactions on control systems technology, 2004, 12(4): 637-644.

[127] Hu Y, Ge S S, Su C Y.Stabilization of uncertain nonholonomic systems via time-varying sliding mode control[J]. IEEE Transactions on Automatic Control, 2004, 49(5): 757-763.

[128] Mohareri O, Dhaouadi R, Rad A B.Indirect adaptive tracking control of a

136

nonholonomic mobile robot via neural networks[J]. Neurocomputing, 2012(88): 54-66.

[129] Yue M, Wang S, Zhang Y. Adaptive fuzzy logic-based sliding mode control for a nonholonomic mobile robot in the presence of dynamic uncertainties[J]. Proceedings of the Institution of Mechanical Engineers, Part C: Journal of Mechanical Engineering Science, 2015, 229(11): 1979-1988.

[130] 闫茂德, 吴青云, 贺昱曜. 非完整移动机器人的自适应滑模轨迹跟踪控制[J]. 系统仿真学报, 2007(3): 579-581, 584.

[131] Matraji I, Al-Durra A, Haryono A, et al. Trajectory tracking control of skid-steered mobile robot based on adaptive second order sliding mode control[J]. Control Engineering Practice, 2018(72): 167-176.

[132] Chen M S, Hwang Y R, Tomizuka M. A state-dependent boundary layer design for sliding mode control[J]. IEEE transactions on automatic control, 2002, 47(10): 1677-1681.

[133] El Makrini I, Rodriguez-Guerrero C, Lefeber D, et al. The variable boundary layer sliding mode control: A safe and performant control for compliant joint manipulators[J]. IEEE Robotics and Automation Letters, 2016, 2(1): 187-192.

[134] Han Y, Liu X. Continuous higher-order sliding mode control with time-varying gain for a class of uncertain nonlinear systems[J]. ISA transactions, 2016(62): 193-201.

[135] Sheng L, Guoliang M, Weili H. Stabilization and optimal control of nonholonomic mobile robot[C]//ICARCV 2004 8th Control, Automation, Robotics and Vision Conference, 2004. IEEE, 2004(2): 1427-1430.

[136] Tompkins, Jamesa. Facilities Planning[M/OL]. Facilities Planning, 2010

[2021-07-15].

[137] Richards G.Warehouse management: a complete guide to improving efficiency and minimizing costs in the modern warehouse[M]. London: Kogan Page Publishers, 2017.

[138] Borg G.A Category Scale with Ratio Properties for Intermodal and Interindividual Comparisons[J]. Psychophysical Judgment and the Process of Perception, 1982(1): 25-34.

[139] Sunehag P, Lever G, Gruslys A, et al. Value-decomposition networks for cooperative multi-agent learning[J]. 2017.

[140] Tampuu A, Matiisen T, Kodelja D, et al. Multiagent cooperation and competition with deep reinforcement learning[J]. PloS one, 2017, 12(4): 172395.

[141] Sutton R S, Barto A G.Reinforcement learning: An introduction[M]. Cambridge: MIT press, 2018.

[142] Mnih V, Kavukcuoglu K, Silver D, et al. Human-level control through deep reinforcement learning[J]. nature, 2015, 518(7540): 529-533.

[143] Calzavara M, Persona A, Sgarbossa F, et al. A model for rest allowance estimation to improve tasks assignment to operators[J]. International Journal of Production Research, 2019, 57(3): 948-962.

[144] Betti S, Lova R M, Rovini E, et al. Evaluation of an integrated system of wearable physiological sensors for stress monitoring in working environments by using biological markers[J]. IEEE Transactions on Biomedical Engineering, 2017, 65(8): 1748-1758.

[145] Markov K.Stress optimization for performance improvement of direct workers from the automotive industry in Bulgaria[J]. International Journal of Economics and Management Systems, 2019(7): 4.

[146] Broadhurst P L.Emotionality and the Yerkes-Dodson law[J]. Journal of experimental psychology, 1957, 54(5): 345.

[147] Jebelli H, Choi B, Lee S H.Application of wearable biosensors to construction sites.I: Assessing workers' stress[J]. Journal of Construction Engineering and Management, 2019, 145(12): 4019079.

[148] Pedrotti M, Mirzaei M A, Tedesco A, et al. Automatic stress classification with pupil diameter analysis[J]. International Journal of Human-Computer Interaction, 2014, 30(3): 220-236.

[149] Ren P, Barreto A, Huang J, et al. Off-line and on-line stress detection through processing of the pupil diameter signal[J]. Annals of biomedical engineering, 2014, 42(1): 162-176.

[150] Huang Y J, Wang Y J.Robust PID controller design for non-minimum phase time delay systems[J]. ISA transactions, 2001, 40(1): 31-39.

[151] Jorge E, Kågebäck M, Johansson F D, et al. Learning to play guess who?and inventing a grounded language as a consequence[J]. 2016.

[152] Foerster J, Farquhar G, Afouras T, et al. Counterfactual multi-agent policy gradients[C]//Proceedings of the AAAI Conference on Artificial Intelligence.2018, 32(1).

[153] Neuberger G B.Measures of fatigue: The Fatigue Questionnaire, Fatigue Severity Scale, Multidimensional Assessment of Fatigue Scale, and Short Form-36 Vitality (Energy/Fatigue) Subscale of the Short Form Health Survey[J]. Arthritis & Rheumatism, 2003, 49(S5): S175-S183.

[154] Maman Z S, Chen Y J, Baghdadi A, et al. A data analytic framework for physical fatigue management using wearable sensors[J]. Expert Systems with Applications, 2020(155): 113405.

[155] Maman Z S, Yazdi M A A, Cavuoto L A, et al. A data-driven approach to

modeling physical fatigue in the workplace using wearable sensors[J]. Applied ergonomics, 2017(65): 515-529.

[156] Konz S.Work/rest: Part ii-the scientific basis(knowledge base)for the guide 1[J]. Ergonomics Guidelines and Problem Solving, 2000, 1(401): 38.

[157] Oliehoek F A, Amato C.A concise introduction to decentralized POMDPs[M]. Berlin: Springer, 2016.

[158] Rashid T, Samvelyan M, Schroeder C, et al. Qmix: Monotonic value function factorisation for deep multi-agent reinforcement learning[C]// International Conference on Machine Learning.PMLR, 2018: 4295-4304.

[159] Ha D, Dai A, Le Q V.Hypernetworks[J]. 2016.

[160] Chung J, Gulcehre C, Cho K H, et al. Empirical evaluation of gated recurrent neural networks on sequence modeling[J]. 2014.

[161] Hausknecht M, Stone P.Deep recurrent q-learning for partially observable mdps[C]//2015 aaai fall symposium series. 2015.

[162] Campion G, Bastin G, Dandrea-Novel B. Structural properties and classification of kinematic and dynamic models of wheeled mobile robots[J]. IEEE transactions on robotics and automation, 1996, 12(1): 47-62.

[163] 宋兴国. 轮式机器人的移动系统建模及基于模型学习的跟踪控制研究[D]. 哈尔滨: 哈尔滨工业大学, 2015.

[164] Hou Z G, Zou A M, Cheng L, et al. Adaptive control of an electrically driven nonholonomic mobile robot via backstepping and fuzzy approach[J]. IEEE Transactions on Control Systems Technology, 2009, 17(4): 803-815.

[165] 邓哲宇. 轮式移动机器人建模与运动控制策略研究[D]. 杭州: 浙江

大学, 2015.

[166] Deng Z, Yao B, Zhu X, et al. Modeling and μ-Synthesis Based Robust Trajectory Tracking Control of a Wheeled Mobile Robot[J]. IFAC Proceedings Volumes, 2014, 47(3): 7221-7226.

[167] Zhang W, Wang Y, Liu Y, et al. Multivariable disturbance observer-based H2 analytical decoupling control design for multivariable systems[J]. International Journal of Systems Science, 2016, 47(1): 179-193.

[168] Olivier L E, Craig I K, Chen Y Q.Fractional order and BICO disturbance observers for a run-of-mine ore milling circuit[J]. Journal of Process Control, 2012, 22(1): 3-10.

[169] Shim H, Jo N H.An almost necessary and sufficient condition for robust stability of closed-loop systems with disturbance observer[J]. Automatica, 2009, 45(1): 296-299.

[170] Sariyildiz E, Ohnishi K.Bandwidth constraints of disturbance observer in the presence of real parametric uncertainties[J]. European Journal of Control, 2013, 19(3): 199-205.

[171] Bhattacharyya S P, Keel L H.Robust control: the parametric approach [C]//Advances in control education 1994. Pergamon, 1995: 49-52.

[172] Lii G H, Chang C H, Han K W.Analysis of robust control systems using stability equations[J]. Journal of Control Systems & Technology, 1993, 1(1): 83-89.

[173] Diekmann O, Van Gils S A, Lunel S M V, et al. Delay equations: functional-, complex-, and nonlinear analysis[M]. Berlin: Springer Science & Business Media, 2012.

[174] Wang Q G, Hang C C, Yang X P.Single-loop controller design via IMC principles[J]. Automatica, 2001, 37(12): 2041-2048.